KB165881

한솔 완벽한 연산

수학은 마라톤입니다.
지금 여러분은 출발 지점에 서 있습니다.
초등학교 저학년 때는
수학 마라톤을 잘 하기 위해
기초 체력을 튼튼히 길러야 합니다.

한솔 완벽한 연산으로 시작하세요.
마라톤을 잘 뛸 수 있는 완벽한 연산 실력을 키워줍니다.

왜 완벽한 연산인가요?

기초 연산은 물론, 학교 연산까지 이 책 시리즈 하나면 완벽하게 끝나기 때문입니다. '한솔 완벽한 연산'은 하루 8쪽씩, 5일 동안 4주분을 학습하고, 마지막 주에는 학교 시험에 완벽하게 대비할 수 있도록 '연산 UP' 16쪽을 추가로 제공합니다.

매일 꾸준한 연습으로 연산 실력을 키우기에 충분한 학습량입니다.

'한솔 완벽한 연산' 하나면 기초 연산도 학교 연산도 완벽하게 대비할 수 있습니다.

몇 단계로 구성되고, 몇 학년이 풀 수 있나요?

모두 6단계로 구성되어 있습니다.

'한솔 완벽한 연산'은 한 단계가 1개 학년이 아닙니다. 연산의 기초 훈련이 가장 필요한 시기인 초등 2~3학년에 집중하여 여러 단계로 구성하였습니다.

이 시기에는 수학의 기초 체력을 튼튼히 길러야 하니까요.

단계	권장 학년	학습 내용
MA	6~7세	100까지의 수, 더하기와 빼기
MB	초등 1~2학년	한 자리 수의 덧셈, 두 자리 수의 덧셈
MC	초등 1~2학년	두 자리 수의 덧셈과 뺄셈
MD	초등 2~3학년	두·세 자리 수의 덧셈과 뺄셈
ME	초등 2~3학년	곱셈구구, (두·세 자리 수)×(한 자리 수), (두·세 자리 수)÷(한 자리 수)
MF	초등 3~4학년	(두·세 자리 수)×(두 자리 수), (두·세 자리 수)÷(두 자리 수), 분수·소수의 덧셈과 뺄셈

책 한 권은 어떻게 구성되어 있나요?

책 한 권은 모두 4주 학습으로 구성되어 있습니다.
한 주는 모두 40쪽으로 하루에 8쪽씩, 5일 동안 푸는 것을 권장합니다.
마지막 5주차에는 학교 시험에 대비할 수 있는 '연산 UP'을 학습합니다.

'한솔 완벽한 연산'도 매일매일 풀어야 하나요?

물론입니다. 매일매일 규칙적으로 연습을 해야 연산 능력이 향상되기 때문입니다.
월요일부터 금요일까지 매일 8쪽씩, 4주 동안 규칙적으로 풀고, 마지막 주에
'연산 UP' 16쪽을 다 풀면 한 권 학습이 끝납니다.
매일매일 푸는 습관이 잡히면 개인 진도에 따라 두 달에 3권을 푸는 것도 가능
합니다.

하루 8쪽씩이라구요? 너무 많은 양 아닌가요?

'한솔 완벽한 연산'은 술술 풀면서 잘 넘어가는 학습지입니다.
공부하는 학생 입장에서는 빡빡한 문제를 4쪽 푸는 것보다 술술 넘어가는 문제를
8쪽 푸는 것이 훨씬 큰 성취감을 느낄 수 있습니다.
'한솔 완벽한 연산'은 학생의 연령을 고려해 쪽당 학습량을 전략적으로 구성했습니
다. 그래서 학생이 부담을 덜 느끼면서 효과적으로 학습할 수 있습니다.

❓ 학교 진도와 맞추려면 어떻게 공부해야 하나요?

 이 책은 한 권을 한 달 동안 푸는 것을 권장합니다.

각 단계별 학교 진도는 다음과 같습니다.

단계	MA	MB	MC	MD	ME	MF
권 수	8권	5권	7권	7권	7권	7권
학교 진도	초등 이전	초등 1학년	초등 2학년	초등 3학년	초등 3학년	초등 4학년

초등학교 1학년이 3월에 MB 단계부터 매달 1권씩 꾸준히 푼다고 한다면 2학년이 시작될 때 MD 단계를 풀게 되고, 3학년 때 MF 단계(4학년 과정)까지 마무리할 수 있습니다.

이 책 시리즈로 꼼꼼히 학습하게 되면 일반 방문학습지 못지 않게 충분한 연산 실력을 쌓게 되고 조금씩 다음 학년 진도까지 학습할 수 있다는 장점이 있습니다.

매일 꾸준히 성실하게 학습한다면 학년 구분 없이 원하는 진도를 스스로 계획하고 진행해 나갈 수 있습니다.

❓ '연산 UP'은 어떻게 공부해야 하나요?

 '연산 UP'은 4주 동안 훈련한 연산 능력을 확인하는 과정이자 학교에서 흔히 접하는 계산 유형 문제까지 접할 수 있는 코너입니다.

'연산 UP'의 구성은 다음과 같습니다.

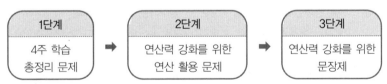

'연산 UP'은 모두 16쪽으로 구성되었으므로 하루 8쪽씩 2일 동안 학습하고, 다음 단계로 진행할 것을 권장합니다.

MA 6~7세

권	제목	주차별 학습 내용	
1	20까지의 수 1	1주	5까지의 수 (1)
		2주	5까지의 수 (2)
		3주	5까지의 수 (3)
		4주	10까지의 수
2	20까지의 수 2	1주	10까지의 수 (1)
		2주	10까지의 수 (2)
		3주	20까지의 수 (1)
		4주	20까지의 수 (2)
3	20까지의 수 3	1주	20까지의 수 (1)
		2주	20까지의 수 (2)
		3주	20까지의 수 (3)
		4주	20까지의 수 (4)
4	50까지의 수	1주	50까지의 수 (1)
		2주	50까지의 수 (2)
		3주	50까지의 수 (3)
		4주	50까지의 수 (4)
5	1000까지의 수	1주	100까지의 수 (1)
		2주	100까지의 수 (2)
		3주	100까지의 수 (3)
		4주	1000까지의 수
6	수 가르기와 모으기	1주	수 가르기 (1)
		2주	수 가르기 (2)
		3주	수 모으기 (1)
		4주	수 모으기 (2)
7	덧셈의 기초	1주	상황 속 덧셈
		2주	더하기 1
		3주	더하기 2
		4주	더하기 3
8	뺄셈의 기초	1주	상황 속 뺄셈
		2주	빼기 1
		3주	빼기 2
		4주	빼기 3

MB 초등 1·2학년 ①

권	제목	주차별 학습 내용	
1	덧셈 1	1주	받아올림이 없는 (한 자리 수)+(한 자리 수) (1)
		2주	받아올림이 없는 (한 자리 수)+(한 자리 수) (2)
		3주	받아올림이 없는 (한 자리 수)+(한 자리 수) (3)
		4주	받아올림이 없는 (두 자리 수)+(한 자리 수)
2	덧셈 2	1주	받아올림이 없는 (두 자리 수)+(한 자리 수)
		2주	받아올림이 있는 (한 자리 수)+(한 자리 수) (1)
		3주	받아올림이 있는 (한 자리 수)+(한 자리 수) (2)
		4주	받아올림이 있는 (한 자리 수)+(한 자리 수) (3)
3	뺄셈 1	1주	(한 자리 수)-(한 자리 수) (1)
		2주	(한 자리 수)-(한 자리 수) (2)
		3주	(한 자리 수)-(한 자리 수) (3)
		4주	받아내림이 없는 (두 자리 수)-(한 자리 수)
4	뺄셈 2	1주	받아내림이 없는 (두 자리 수)-(한 자리 수)
		2주	받아내림이 있는 (두 자리 수)-(한 자리 수) (1)
		3주	받아내림이 있는 (두 자리 수)-(한 자리 수) (2)
		4주	받아내림이 있는 (두 자리 수)-(한 자리 수) (3)
5	덧셈과 뺄셈의 완성	1주	(한 자리 수)+(한 자리 수), (한 자리 수)-(한 자리 수)
		2주	세 수의 덧셈, 세 수의 뺄셈 (1)
		3주	(한 자리 수)+(한 자리 수), (두 자리 수)-(한 자리 수)
		4주	세 수의 덧셈, 세 수의 뺄셈 (2)

초등 1·2학년 ②

MD **초등 2·3학년 ①**

ME 초등 2·3학년 ②

권	제목		주차별 학습 내용
1	곱셈구구	1주	곱셈구구 (1)
		2주	곱셈구구 (2)
		3주	곱셈구구 (3)
		4주	곱셈구구 (4)
2	(두 자리 수)×(한 자리 수) 1	1주	곱셈구구 종합
		2주	(두 자리 수)×(한 자리 수) (1)
		3주	(두 자리 수)×(한 자리 수) (2)
		4주	(두 자리 수)×(한 자리 수) (3)
3	(두 자리 수)×(한 자리 수) 2	1주	(두 자리 수)×(한 자리 수) (1)
		2주	(두 자리 수)×(한 자리 수) (2)
		3주	(두 자리 수)×(한 자리 수) (3)
		4주	(두 자리 수)×(한 자리 수) (4)
4	(세 자리 수)×(한 자리 수)	1주	(세 자리 수)×(한 자리 수) (1)
		2주	(세 자리 수)×(한 자리 수) (2)
		3주	(세 자리 수)×(한 자리 수) (3)
		4주	곱셈 종합
5	(두 자리 수)÷(한 자리 수) 1	1주	나눗셈의 기초 (1)
		2주	나눗셈의 기초 (2)
		3주	나눗셈의 기초 (3)
		4주	(두 자리 수)÷(한 자리 수)
6	(두 자리 수)÷(한 자리 수) 2	1주	(두 자리 수)÷(한 자리 수) (1)
		2주	(두 자리 수)÷(한 자리 수) (2)
		3주	(두 자리 수)÷(한 자리 수) (3)
		4주	(두 자리 수)÷(한 자리 수) (4)
7	(두·세 자리 수)÷(한 자리 수)	1주	(두 자리 수)÷(한 자리 수) (1)
		2주	(세 자리 수)÷(한 자리 수) (1)
		3주	(세 자리 수)÷(한 자리 수) (1)
		4주	(세 자리 수)÷(한 자리 수) (2)

MF 초등 3·4학년

권	제목		주차별 학습 내용
1	(두 자리 수)×(두 자리 수)	1주	(두 자리 수)×(한 자리 수)
		2주	(두 자리 수)×(두 자리 수) (1)
		3주	(두 자리 수)×(두 자리 수) (2)
		4주	(두 자리 수)×(두 자리 수) (3)
2	(두·세 자리 수)×(두 자리 수)	1주	(두 자리 수)×(두 자리 수)
		2주	(세 자리 수)×(두 자리 수) (1)
		3주	(세 자리 수)×(두 자리 수) (2)
		4주	곱셈의 완성
3	(두 자리 수)÷(두 자리 수)	1주	(두 자리 수)÷(두 자리 수) (1)
		2주	(두 자리 수)÷(두 자리 수) (2)
		3주	(두 자리 수)÷(두 자리 수) (3)
		4주	(두 자리 수)÷(두 자리 수) (4)
4	(세 자리 수)÷(두 자리 수)	1주	(세 자리 수)÷(두 자리 수) (1)
		2주	(세 자리 수)÷(두 자리 수) (2)
		3주	(세 자리 수)÷(두 자리 수) (3)
		4주	나눗셈의 완성
5	혼합 계산	1주	혼합 계산 (1)
		2주	혼합 계산 (2)
		3주	혼합 계산 (3)
		4주	곱셈과 나눗셈, 혼합 계산 총정리
6	분수의 덧셈과 뺄셈	1주	분수의 덧셈 (1)
		2주	분수의 덧셈 (2)
		3주	분수의 뺄셈 (1)
		4주	분수의 뺄셈 (2)
7	소수의 덧셈과 뺄셈	1주	분수의 덧셈과 뺄셈
		2주	소수의 기초, 소수의 덧셈과 뺄셈 (1)
		3주	소수의 덧셈과 뺄셈 (2)
		4주	소수의 덧셈과 뺄셈 (3)

주별 학습 내용   MC단계 5권

MC 단계 5권

받아내림이 없는
(두 자리 수)-(두 자리 수) (1)

1주차

요일	교재 번호	학습한 날짜		확인
1일차(월)	01~08	월	일	
2일차(화)	09~16	월	일	
3일차(수)	17~24	월	일	
4일차(목)	25~32	월	일	
5일차(금)	33~40	월	일	

● 그림을 보고 뺄셈을 하세요.

(1)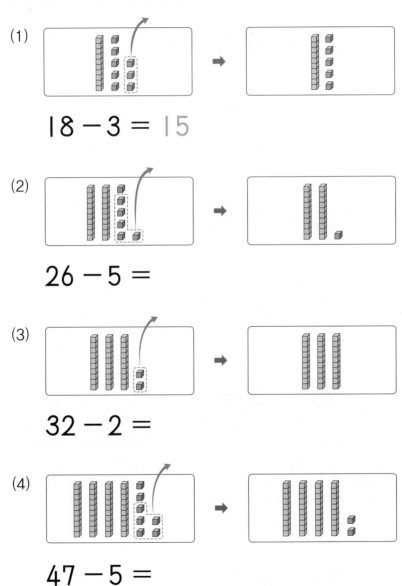

$18 - 3 = 15$

(2)

$26 - 5 =$

(3)

$32 - 2 =$

(4)

$47 - 5 =$

(5)

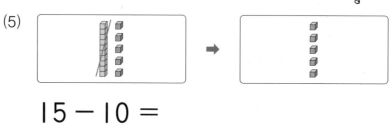

$15 - 10 =$

(6)

$14 - 13 =$

(7)

$23 - 13 =$

(8)

$25 - 11 =$

MC01 받아내림이 없는 (두 자리 수) - (두 자리 수) (1)

● 그림을 보고 뺄셈을 하세요.

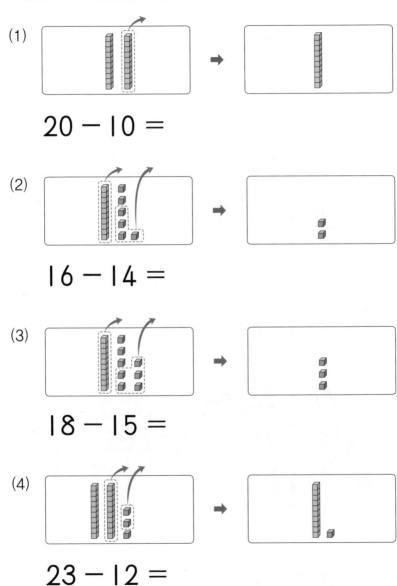

(1)

$$20 - 10 =$$

(2)

$$16 - 14 =$$

(3)

$$18 - 15 =$$

(4)

$$23 - 12 =$$

(5)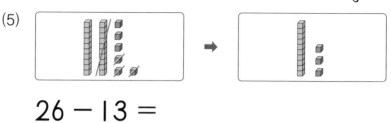

$$26 - 13 =$$

(6)

$$29 - 17 =$$

(7)

$$27 - 22 =$$

(8)

$$28 - 21 =$$

MC01 받아내림이 없는 (두 자리 수) – (두 자리 수) (1)

● 그림을 보고 뺄셈을 하세요.

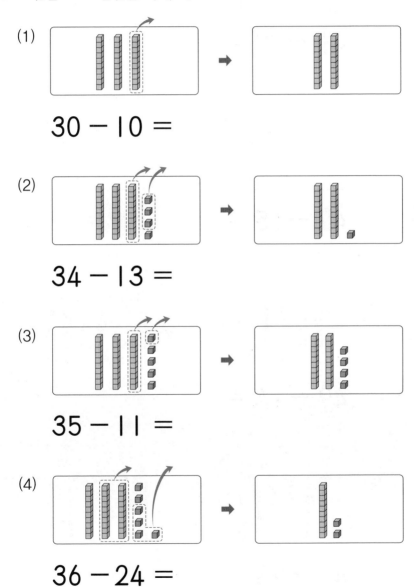

(1)

$$30 - 10 =$$

(2)

$$34 - 13 =$$

(3)

$$35 - 11 =$$

(4)

$$36 - 24 =$$

(5)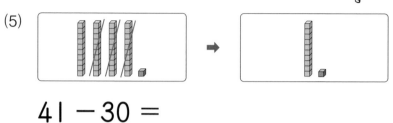

$$41 - 30 =$$

(6)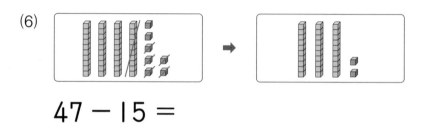

$$47 - 15 =$$

(7)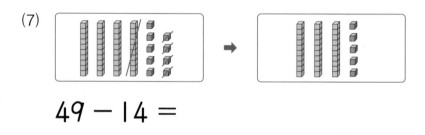

$$49 - 14 =$$

(8)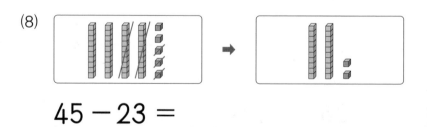

$$45 - 23 =$$

● 그림을 보고 뺄셈을 하세요.

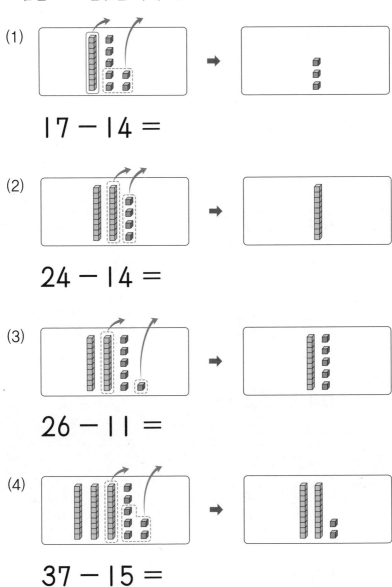

(1) $17 - 14 =$

(2) $24 - 14 =$

(3) $26 - 11 =$

(4) $37 - 15 =$

(5)

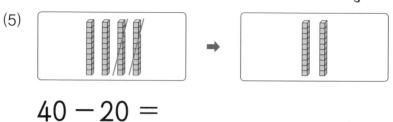

$40 - 20 =$

(6)

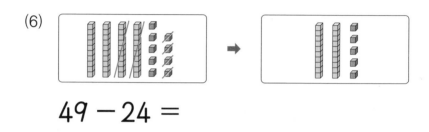

$49 - 24 =$

(7)

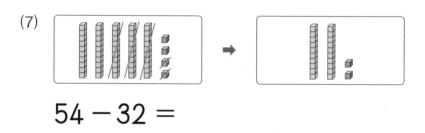

$54 - 32 =$

(8)

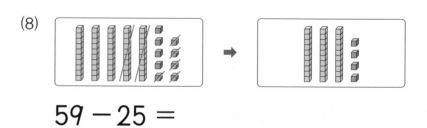

$59 - 25 =$

9

● 순서에 따라 계산하여 ☐ 안에 알맞은 수를 쓰세요.

(1) $22 - 11 = 10 + \boxed{1} = \boxed{11}$

① ② ① ②

(2) $25 - 12 = 10 + \boxed{3} = \boxed{}$

① ② ① ②

(3) $26 - 13 = 10 + \boxed{} = \boxed{}$

① ②

(4) $24 - 14 = 10 + \boxed{} = \boxed{}$

① ②

> **Talk** 받아내림이 없는 두 자리 수끼리의 뺄셈은 십의 자리끼리 빼고, 일의 자리 수끼리 뺀 후 차를 더하여 구합니다.
>
> $24 - 12 = \underline{(20 - 10)} + \underline{(4 - 2)} = 10 + 2 = 12$
> 십의 자리   일의 자리

(5) $23 - 12 = 10 + \boxed{} = \boxed{}$
　　①　②　　　　①　　②

(6) $27 - 14 = 10 + \boxed{} = \boxed{}$
　　①　②

(7) $28 - 17 = 10 + \boxed{} = \boxed{}$
　　①　②

(8) $26 - 11 = 10 + \boxed{} = \boxed{}$
　　①　②

(9) $29 - 12 = 10 + \boxed{} = \boxed{}$
　　①　②

(10) $28 - 13 = 10 + \boxed{} = \boxed{}$
　　①　②

11

MC01 받아내림이 없는 (두 자리 수) − (두 자리 수) (1)

● 순서에 따라 계산하여 ☐ 안에 알맞은 수를 쓰세요.

(1) $31 - 10 = \boxed{20} + 1 = \boxed{}$
  ① ② ① ②

(2) $34 - 13 = \boxed{} + 1 = \boxed{}$
  ① ②

(3) $36 - 11 = \boxed{} + 5 = \boxed{}$
  ① ②

(4) $48 - 25 = \boxed{} + 3 = \boxed{}$
  ① ②

(5) $39 - 27 = \boxed{} + 2 = \boxed{}$
  ① ②

(6) $32 - 12 = \boxed{} + 0 = \boxed{}$
　　①　　②　　　　①　　　　②

(7) $39 - 23 = \boxed{} + 6 = \boxed{}$
　　①　　②

(8) $43 - 21 = \boxed{} + 2 = \boxed{}$
　　①　　②

(9) $45 - 24 = \boxed{} + 1 = \boxed{}$
　　①　　②

(10) $47 - 32 = \boxed{} + 5 = \boxed{}$
　　①　　②

(11) $48 - 16 = \boxed{} + 2 = \boxed{}$
　　①　　②

MC01 받아내림이 없는 (두 자리 수) − (두 자리 수) (1)

● 순서에 따라 계산하여 ☐ 안에 알맞은 수를 쓰세요.

(1) $54 - 11 = \boxed{40} + \boxed{3} = \boxed{}$
       ① ②   ①   ②

(2) $53 - 23 = \boxed{} + \boxed{} = \boxed{}$
       ① ②

(3) $58 - 23 = \boxed{} + \boxed{} = \boxed{}$
       ① ②

(4) $66 - 35 = \boxed{} + \boxed{} = \boxed{}$
       ① ②

(5) $57 - 42 = \boxed{} + \boxed{} = \boxed{}$
       ① ②

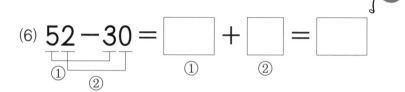

(6) $52 - 30 = $ ⬚ $+$ ⬚ $= $ ⬚
　　　①　②　　　　①　　②

(7) $59 - 12 = $ ⬚ $+$ ⬚ $= $ ⬚
　　　①　②

(8) $69 - 15 = $ ⬚ $+$ ⬚ $= $ ⬚
　　　　①　②

(9) $65 - 44 = $ ⬚ $+$ ⬚ $= $ ⬚
　　　①　②

(10) $64 - 21 = $ ⬚ $+$ ⬚ $= $ ⬚
　　　　①　②

(11) $68 - 53 = $ ⬚ $+$ ⬚ $= $ ⬚
　　　　①　②

MC01 받아내림이 없는 (두 자리 수) − (두 자리 수) (1)

● 순서에 따라 계산하여 ☐ 안에 알맞은 수를 쓰세요.

(1) $73 - 20 =$ ☐ $+$ ☐ $=$ ☐
  ① ②   ①   ②

(2) $75 - 14 =$ ☐ $+$ ☐ $=$ ☐
  ① ②

(3) $77 - 15 =$ ☐ $+$ ☐ $=$ ☐
  ① ②

(4) $76 - 32 =$ ☐ $+$ ☐ $=$ ☐
  ① ②

(5) $86 - 43 =$ ☐ $+$ ☐ $=$ ☐
  ① ②

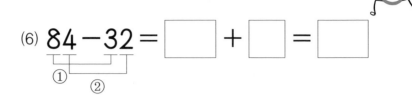

(6) $84 - 32 =$ ☐ $+$ ☐ $=$ ☐
① ②

(7) $85 - 51 =$ ☐ $+$ ☐ $=$ ☐
① ②

(8) $87 - 64 =$ ☐ $+$ ☐ $=$ ☐
① ②

(9) $94 - 23 =$ ☐ $+$ ☐ $=$ ☐
① ②

(10) $99 - 50 =$ ☐ $+$ ☐ $=$ ☐
① ②

(11) $98 - 45 =$ ☐ $+$ ☐ $=$ ☐
① ②

MC01 받아내림이 없는 (두 자리 수) − (두 자리 수) (1)

● 뺄셈을 하세요.

(1) $12 - 10 =$

(2) $13 - 11 =$

(3) $13 - 13 =$

(4) $13 - 10 =$

(5) $14 - 12 =$

(6) $17 - 14 =$

(7) $17 - 15 =$

(8) $19 - 12 =$

(9) $21 - 11 =$

(10) $22 - 10 =$

(11) $23 - 12 =$

(12) $24 - 13 =$

(13) $24 - 10 =$

(14) $24 - 20 =$

(15) $23 - 21 =$

(16) $25 - 11 =$

(17) $29 - 16 =$

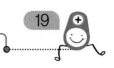

● 뺄셈을 하세요.

(1) $15 - 11 =$

(2) $16 - 13 =$

(3) $18 - 12 =$

(4) $19 - 15 =$

(5) $22 - 10 =$

(6) $25 - 14 =$

(7) $28 - 16 =$

(8) $29 - 13 =$

(9) $22 - 12 =$

(10) $28 - 11 =$

(11) $29 - 16 =$

(12) $24 - 13 =$

(13) $26 - 16 =$

(14) $29 - 20 =$

(15) $25 - 23 =$

(16) $28 - 24 =$

(17) $27 - 22 =$

MC01 받아내림이 없는 (두 자리 수) − (두 자리 수) (1)

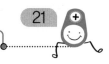

● 뺄셈을 하세요.

(1) $30 - 20 =$

(2) $35 - 14 =$

(3) $36 - 16 =$

(4) $38 - 35 =$

(5) $42 - 22 =$

(6) $47 - 24 =$

(7) $44 - 32 =$

(8) $49 - 11 =$

(9) $34 - 21 =$

(10) $37 - 15 =$

(11) $39 - 36 =$

(12) $38 - 24 =$

(13) $36 - 13 =$

(14) $48 - 26 =$

(15) $46 - 32 =$

(16) $45 - 44 =$

(17) $47 - 12 =$

MC01 받아내림이 없는 (두 자리 수)−(두 자리 수) (1)

● 뺄셈을 하세요.

(1) $50 - 30 =$

(2) $54 - 13 =$

(3) $58 - 46 =$

(4) $55 - 21 =$

(5) $62 - 32 =$

(6) $66 - 24 =$

(7) $67 - 55 =$

(8) $69 - 43 =$

(9) $53 - 12 =$

(10) $57 - 34 =$

(11) $59 - 25 =$

(12) $56 - 43 =$

(13) $58 - 17 =$

(14) $64 - 40 =$

(15) $67 - 62 =$

(16) $69 - 53 =$

(17) $68 - 33 =$

MC01 받아내림이 없는 (두 자리 수) − (두 자리 수) (1)

● 뺄셈을 하세요.

(1) $17 - 12 =$

(2) $18 - 14 =$

(3) $26 - 13 =$

(4) $22 - 21 =$

(5) $38 - 23 =$

(6) $33 - 20 =$

(7) $49 - 16 =$

(8) $48 - 32 =$

(9) $57 - 15 =$

(10) $59 - 22 =$

(11) $67 - 21 =$

(12) $68 - 35 =$

(13) $24 - 12 =$

(14) $37 - 12 =$

(15) $49 - 23 =$

(16) $56 - 10 =$

(17) $65 - 11 =$

MC01 받아내림이 없는 (두 자리 수) − (두 자리 수) (1)

● 뺄셈을 하세요.

(1) $73 - 12 =$

(2) $78 - 21 =$

(3) $76 - 32 =$

(4) $74 - 53 =$

(5) $85 - 23 =$

(6) $87 - 44 =$

(7) $81 - 60 =$

(8) $88 - 83 =$

(9) $75 - 23 =$

(10) $71 - 50 =$

(11) $83 - 22 =$

(12) $87 - 71 =$

(13) $90 - 10 =$

(14) $93 - 23 =$

(15) $98 - 15 =$

(16) $92 - 32 =$

(17) $95 - 44 =$

MC01 받아내림이 없는 (두 자리 수)−(두 자리 수) (1)

● 뺄셈을 하세요.

(1) $18 - 12 =$

(2) $19 - 15 =$

(3) $23 - 11 =$

(4) $26 - 15 =$

(5) $37 - 14 =$

(6) $57 - 22 =$

(7) $63 - 53 =$

(8) $64 - 31 =$

(9) $44 - 14 =$

(10) $49 - 25 =$

(11) $47 - 22 =$

(12) $56 - 11 =$

(13) $58 - 18 =$

(14) $73 - 21 =$

(15) $85 - 13 =$

(16) $92 - 61 =$

(17) $97 - 84 =$

MC01 받아내림이 없는 (두 자리 수) − (두 자리 수) (1)

● 뺄셈을 하세요.

(1) $28 - 10 =$

(2) $32 - 12 =$

(3) $40 - 20 =$

(4) $55 - 34 =$

(5) $68 - 51 =$

(6) $76 - 16 =$

(7) $86 - 23 =$

(8) $99 - 73 =$

(9) $98 - 43 =$

(10) $17 - 16 =$

(11) $54 - 32 =$

(12) $27 - 11 =$

(13) $79 - 24 =$

(14) $69 - 55 =$

(15) $96 - 22 =$

(16) $33 - 31 =$

(17) $49 - 27 =$

MC01 받아내림이 없는 (두 자리 수) – (두 자리 수) (1)

● 뺄셈을 하세요.

(1) $39 - 25 =$

(2) $19 - 17 =$

(3) $96 - 92 =$

(4) $29 - 14 =$

(5) $77 - 43 =$

(6) $48 - 15 =$

(7) $80 - 10 =$

(8) $59 - 47 =$

(9) $47 - 25 =$

(10) $58 - 11 =$

(11) $39 - 33 =$

(12) $68 - 42 =$

(13) $79 - 41 =$

(14) $27 - 20 =$

(15) $85 - 51 =$

(16) $95 - 12 =$

(17) $89 - 75 =$

MC01 받아내림이 없는 (두 자리 수)−(두 자리 수) (1)

● |보기|와 같이 틀린 답을 바르게 고치세요.

┤보기├

$$38 - 13 = \boxed{\cancel{15}}$$
$$25$$

(1) $28 - 13 = \boxed{5}$

(2) $45 - 25 = \boxed{10}$

(3) $54 - 11 = \boxed{33}$

(4) $79 - 37 = \boxed{24}$

(5) $63 - 12 = \boxed{15}$

 받아내림이 없는 두 자리 수끼리의 뺄셈에서 잘 틀리는 오류는 받아내림이 있는 뺄셈으로 생각하여 빼는 경우, 십의 자리와 일의 자리의 결과를 바꾸어 쓰는 경우입니다.

(6) 36 − 24 = ⎡21⎤

(7) 48 − 13 = ⎡36⎤

(8) 82 − 20 = ⎡60⎤

(9) 65 − 32 = ⎡43⎤

(10) 59 − 25 = ⎡43⎤

(11) 77 − 16 = ⎡62⎤

(12) 65 − 51 = ⎡15⎤

(13) 99 − 64 = ⎡53⎤

MC01	받아내림이 없는 (두 자리 수)−(두 자리 수) (1)

● 빈칸에 알맞은 수를 쓰세요.

−	10	20	30	40
44	34	24		
45		25	15	
46			16	6
47		27		7
48	38		18	
49		29	19	

● 빈칸에 알맞은 수를 쓰세요.

−	13	23	33	43
78		55		35
77	64			34
76			43	33
75		52	42	
74	61		41	
73		50		30

MC01 받아내림이 없는 (두 자리 수) – (두 자리 수) (1)

● 빈칸에 알맞은 수를 쓰세요.

—	31	32	33	34
36	5	4		
46			13	12
56		24	23	
66				
76				
86	55	54	53	52

● 빈칸에 알맞은 수를 쓰세요.

−	43	32	21	10
44		12	23	
55	12			45
66		34		56
77				
88				
99	56	67	78	89

MC 단계 5 권

받아내림이 없는
(두 자리 수)-(두 자리 수) (2)

2주차

요일	교재 번호	학습한 날짜		확인
1일차(월)	01~08	월	일	
2일차(화)	09~16	월	일	
3일차(수)	17~24	월	일	
4일차(목)	25~32	월	일	
5일차(금)	33~40	월	일	

● 뺄셈을 하세요.

(1) $17 - 15 =$

(2) $28 - 16 =$

(3) $32 - 21 =$

(4) $40 - 30 =$

(5) $56 - 21 =$

(6) $69 - 15 =$

(7) $74 - 53 =$

(8) $85 - 72 =$

(9) 38 − 31 =

(10) 55 − 13 =

(11) 16 − 12 =

(12) 99 − 74 =

(13) 47 − 25 =

(14) 63 − 51 =

(15) 86 − 36 =

(16) 25 − 12 =

(17) 78 − 64 =

3

● □ 안에 알맞은 수를 쓰세요.

(1)

$$
\begin{array}{r}
2\ 0 \\
-\ 1\ 0 \\
\hline
\boxed{0}
\end{array}
$$

→

$$
\begin{array}{r}
2\ 0 \\
-\ 1\ 0 \\
\hline
\boxed{1}\ \boxed{0}
\end{array}
$$

(2)

$$
\begin{array}{r}
2\ 2 \\
-\ 1\ 1 \\
\hline
\boxed{1}
\end{array}
$$

→

$$
\begin{array}{r}
2\ 2 \\
-\ 1\ 1 \\
\hline
\boxed{1}\ \boxed{1}
\end{array}
$$

(3)

$$
\begin{array}{r}
2\ 8 \\
-\ 1\ 5 \\
\hline
\boxed{}
\end{array}
$$

→

$$
\begin{array}{r}
2\ 8 \\
-\ 1\ 5 \\
\hline
\boxed{}\ \boxed{}
\end{array}
$$

● **이렇게 지도해 주세요.**

두 자리 수끼리의 뺄셈을 세로로 나타내어 계산할 때에는 받아내림이 있을

수 있으므로 일의 자리부터 계산하여 오답을 줄일 수 있도록 지도해 주세요. MC단계 **5**권 55

(4)

```
   2 7          2 7
 - 1 6    →   - 1 6
 ─────        ─────
   [ ]        [ ][ ]
```

(5)

```
   2 6          2 6
 - 1 1    →   - 1 1
 ─────        ─────
   [ ]        [ ][ ]
```

(6)

```
   2 9          2 9
 - 1 2    →   - 1 2
 ─────        ─────
   [ ]        [ ][ ]
```

(7)

```
   2 5          2 5
 - 1 5    →   - 1 5
 ─────        ─────
   [ ]        [ ][ ]
```

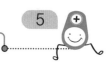

MC02 받아내림이 없는 (두 자리 수) - (두 자리 수) (2)

● ☐ 안에 알맞은 수를 쓰세요.

(1)
$$\begin{array}{r} 3\ 5 \\ -\ 1\ 3 \\ \hline \square \end{array}$$
→
$$\begin{array}{r} 3\ 5 \\ -\ 1\ 3 \\ \hline \square\ \square \end{array}$$

(2)
$$\begin{array}{r} 3\ 2 \\ -\ 1\ 2 \\ \hline \square \end{array}$$
→
$$\begin{array}{r} 3\ 2 \\ -\ 1\ 2 \\ \hline \square\ \square \end{array}$$

(3)
$$\begin{array}{r} 3\ 7 \\ -\ 2\ 0 \\ \hline \square \end{array}$$
→
$$\begin{array}{r} 3\ 7 \\ -\ 2\ 0 \\ \hline \square\ \square \end{array}$$

(4)

```
  3 3          3 3
-   1 1    →  -   1 1
  ─────      ─────
    □          □ □
```

(5)

```
  3 8          3 8
-   2 5    →  -   2 5
  ─────      ─────
    □          □ □
```

(6)

```
  3 4          3 4
-   2 3    →  -   2 3
  ─────      ─────
    □          □ □
```

(7)

```
  3 6          3 6
-   1 4    →  -   1 4
  ─────      ─────
    □          □ □
```

MC02 받아내림이 없는 (두 자리 수) − (두 자리 수) (2)

● □ 안에 알맞은 수를 쓰세요.

(1)
$$\begin{array}{r} 4\ 7 \\ -\ 1\ 5 \\ \hline \square \end{array}$$
→
$$\begin{array}{r} 4\ 7 \\ -\ 1\ 5 \\ \hline \square\ \square \end{array}$$

(2)
$$\begin{array}{r} 4\ 3 \\ -\ 1\ 2 \\ \hline \square \end{array}$$
→
$$\begin{array}{r} 4\ 3 \\ -\ 1\ 2 \\ \hline \square\ \square \end{array}$$

(3)
$$\begin{array}{r} 4\ 5 \\ -\ 2\ 3 \\ \hline \square \end{array}$$
→
$$\begin{array}{r} 4\ 5 \\ -\ 2\ 3 \\ \hline \square\ \square \end{array}$$

(4)
```
    4 9          4 9
  - 2 4    →   - 2 4
  ─────        ─────
      □         □ □
```

(5)
```
    4 6          4 6
  - 3 0    →   - 3 0
  ─────        ─────
      □         □ □
```

(6)
```
    4 4          4 4
  - 3 2    →   - 3 2
  ─────        ─────
      □         □ □
```

(7)
```
    4 8          4 8
  - 3 1    →   - 3 1
  ─────        ─────
      □         □ □
```

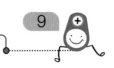

MC02 받아내림이 없는 (두 자리 수)-(두 자리 수) (2)

● ☐ 안에 알맞은 수를 쓰세요.

(1)

$$
\begin{array}{r}
2\;7 \\
-\;1\;3 \\
\hline
\boxed{}
\end{array}
\quad\rightarrow\quad
\begin{array}{r}
2\;7 \\
-\;1\;3 \\
\hline
\boxed{}\;\boxed{}
\end{array}
$$

(2)

$$
\begin{array}{r}
3\;5 \\
-\;1\;0 \\
\hline
\boxed{}
\end{array}
\quad\rightarrow\quad
\begin{array}{r}
3\;5 \\
-\;1\;0 \\
\hline
\boxed{}\;\boxed{}
\end{array}
$$

(3)

$$
\begin{array}{r}
4\;3 \\
-\;3\;1 \\
\hline
\boxed{}
\end{array}
\quad\rightarrow\quad
\begin{array}{r}
4\;3 \\
-\;3\;1 \\
\hline
\boxed{}\;\boxed{}
\end{array}
$$

(4)

$$\begin{array}{r} 4\ 8 \\ -\ 2\ 5 \\ \hline \square \end{array} \longrightarrow \begin{array}{r} 4\ 8 \\ -\ 2\ 5 \\ \hline \square\ \square \end{array}$$

(5)

$$\begin{array}{r} 3\ 1 \\ -\ 2\ 0 \\ \hline \square \end{array} \longrightarrow \begin{array}{r} 3\ 1 \\ -\ 2\ 0 \\ \hline \square\ \square \end{array}$$

(6)

$$\begin{array}{r} 2\ 3 \\ -\ 1\ 3 \\ \hline \square \end{array} \longrightarrow \begin{array}{r} 2\ 3 \\ -\ 1\ 3 \\ \hline \square\ \square \end{array}$$

(7)

$$\begin{array}{r} 3\ 9 \\ -\ 2\ 6 \\ \hline \square \end{array} \longrightarrow \begin{array}{r} 3\ 9 \\ -\ 2\ 6 \\ \hline \square\ \square \end{array}$$

MC02 받아내림이 없는 (두 자리 수) − (두 자리 수) (2)

● 뺄셈을 하세요.

(1)

	1	7
−	1	3
		4

(5)

	2	8
−	1	6

(2)

	1	8
−	1	1
		7

(6)

	2	9
−	1	5

(3)

	1	5
−	1	2

(7)

	2	6
−	2	2

(4)

	1	9
−	1	4

(8)

	2	7
−	2	1

(9)
```
    1 6
-   1 2
-------
```

(13)
```
    1 4
-   1 3
-------
```

(10)
```
    1 7
-   1 1
-------
```

(14)
```
    1 9
-   1 5
-------
```

(11)
```
    2 9
-   1 0
-------
```

(15)
```
    2 3
-   2 3
-------
```

(12)
```
    2 7
-   2 4
-------
```

(16)
```
    2 5
-   1 3
-------
```

MC02 받아내림이 없는 (두 자리 수) − (두 자리 수) (2)

● 뺄셈을 하세요.

(1)
```
    3 3
  - 2 3
```

(5)
```
    3 9
  - 3 6
```

(2)
```
    3 7
  - 1 4
```

(6)
```
    3 6
  - 2 2
```

(3)
```
    3 5
  - 2 1
```

(7)
```
    3 8
  - 1 0
```

(4)
```
    3 4
  - 1 2
```

(8)
```
    3 2
  - 3 1
```

(9)

```
    3  5
-   1  1
────────
```

(13)

```
    3  9
-   2  8
────────
```

(10)

```
    3  4
-   2  0
────────
```

(14)

```
    3  8
-   3  4
────────
```

(11)

```
    3  7
-   3  2
────────
```

(15)

```
    3  6
-   1  3
────────
```

(12)

```
    3  5
-   2  5
────────
```

(16)

```
    3  9
-   3  7
────────
```

MC02 받아내림이 없는 (두 자리 수)−(두 자리 수) (2)

● 뺄셈을 하세요.

(1)
```
    1 7
  - 1 2
  ─────
```

(5)
```
    2 6
  - 1 0
  ─────
```

(2)
```
    1 8
  - 1 5
  ─────
```

(6)
```
    2 8
  - 2 4
  ─────
```

(3)
```
    2 2
  - 1 2
  ─────
```

(7)
```
    3 2
  - 1 0
  ─────
```

(4)
```
    2 7
  - 1 5
  ─────
```

(8)
```
    3 5
  - 1 2
  ─────
```

(9)
```
    1 3
  - 1 1
  ─────
```

(13)
```
    3 3
  - 2 1
  ─────
```

(10)
```
    3 4
  - 2 2
  ─────
```

(14)
```
    2 4
  - 2 3
  ─────
```

(11)
```
    1 5
  - 1 4
  ─────
```

(15)
```
    2 1
  - 2 1
  ─────
```

(12)
```
    2 7
  - 1 7
  ─────
```

(16)
```
    3 6
  - 3 3
  ─────
```

MC02 받아내림이 없는 (두 자리 수) - (두 자리 수) (2)

● 뺄셈을 하세요.

(1)
	2	5
−	1	1

(5)
	1	6
−	1	3

(2)
	3	0
−	1	0

(6)
	2	9
−	2	3

(3)
	3	7
−	3	0

(7)
	1	8
−	1	4

(4)
	2	4
−	1	2

(8)
	3	8
−	1	8

(9)

```
    3 7
  - 1 5
```

(13)

```
    1 6
  - 1 5
```

(10)

```
    3 9
  - 2 1
```

(14)

```
    2 8
  - 2 2
```

(11)

```
    1 4
  - 1 0
```

(15)

```
    2 5
  - 2 3
```

(12)

```
    2 6
  - 1 3
```

(16)

```
    3 8
  - 1 7
```

MC02 받아내림이 없는 (두 자리 수) - (두 자리 수) (2)

● **뺄셈을 하세요.**

(1)
$$\begin{array}{r} 4\ 3 \\ -\ 1\ 3 \\ \hline \end{array}$$

(5)
$$\begin{array}{r} 4\ 2 \\ -\ 2\ 0 \\ \hline \end{array}$$

(2)
$$\begin{array}{r} 4\ 4 \\ -\ 2\ 1 \\ \hline \end{array}$$

(6)
$$\begin{array}{r} 4\ 6 \\ -\ 3\ 4 \\ \hline \end{array}$$

(3)
$$\begin{array}{r} 4\ 8 \\ -\ 3\ 5 \\ \hline \end{array}$$

(7)
$$\begin{array}{r} 4\ 9 \\ -\ 1\ 8 \\ \hline \end{array}$$

(4)
$$\begin{array}{r} 4\ 5 \\ -\ 4\ 5 \\ \hline \end{array}$$

(8)
$$\begin{array}{r} 4\ 7 \\ -\ 3\ 2 \\ \hline \end{array}$$

(9)
```
    4 6
  - 1 5
  ─────
```

(13)
```
    4 9
  - 2 3
  ─────
```

(10)
```
    4 2
  - 3 2
  ─────
```

(14)
```
    4 7
  - 4 5
  ─────
```

(11)
```
    4 5
  - 2 4
  ─────
```

(15)
```
    4 8
  - 3 3
  ─────
```

(12)
```
    4 1
  - 4 0
  ─────
```

(16)
```
    4 3
  - 1 1
  ─────
```

MC02 받아내림이 없는 (두 자리 수)－(두 자리 수) (2)

● 뺄셈을 하세요.

(1)
```
    5 8
  － 2 5
```

(5)
```
    5 4
  － 2 1
```

(2)
```
    5 7
  － 1 4
```

(6)
```
    5 3
  － 3 3
```

(3)
```
    5 6
  － 3 1
```

(7)
```
    5 9
  － 4 7
```

(4)
```
    5 5
  － 3 2
```

(8)
```
    5 2
  － 3 0
```

(9)
```
    5  6
 -  1  4
```

(13)
```
    5  7
 -  2  2
```

(10)
```
    5  4
 -  4  1
```

(14)
```
    5  5
 -  3  4
```

(11)
```
    5  9
 -  2  2
```

(15)
```
    5  3
 -  4  0
```

(12)
```
    5  2
 -  3  1
```

(16)
```
    5  8
 -  1  6
```

MC02 받아내림이 없는 (두 자리 수)−(두 자리 수) ⑵

● 뺄셈을 하세요.

(1)
```
  4 1
- 2 0
```

(5)
```
  5 0
- 2 0
```

(2)
```
  4 5
- 1 3
```

(6)
```
  5 2
- 2 2
```

(3)
```
  4 3
- 2 1
```

(7)
```
  5 5
- 1 4
```

(4)
```
  4 7
- 2 4
```

(8)
```
  5 8
- 2 3
```

(9)
```
    4 4
  − 3 1
```

(13)
```
    5 1
  − 2 0
```

(10)
```
    4 2
  − 1 2
```

(14)
```
    4 8
  − 3 6
```

(11)
```
    5 3
  − 3 0
```

(15)
```
    5 7
  − 1 5
```

(12)
```
    5 9
  − 4 3
```

(16)
```
    4 9
  − 2 7
```

MC02 받아내림이 없는 (두 자리 수) - (두 자리 수) (2)

● 뺄셈을 하세요.

(1)
```
    4 4
  - 2 3
```

(5)
```
    4 3
  - 3 3
```

(2)
```
    5 9
  - 2 4
```

(6)
```
    5 7
  - 4 0
```

(3)
```
    5 5
  - 5 3
```

(7)
```
    4 5
  - 1 2
```

(4)
```
    4 6
  - 2 1
```

(8)
```
    5 2
  - 3 1
```

(9)
```
    5 4
  - 1 2
```

(13)
```
    4 6
  - 1 4
```

(10)
```
    4 5
  - 2 0
```

(14)
```
    5 3
  - 4 1
```

(11)
```
    4 7
  - 3 5
```

(15)
```
    5 5
  - 2 2
```

(12)
```
    5 8
  - 3 4
```

(16)
```
    4 9
  - 4 3
```

MC02 받아내림이 없는 (두 자리 수) - (두 자리 수) (2)

● 뺄셈을 하세요.

(1)
```
    6 9
  - 3 3
```

(5)
```
    6 5
  - 2 1
```

(2)
```
    6 6
  - 1 5
```

(6)
```
    6 2
  - 3 2
```

(3)
```
    6 7
  - 2 2
```

(7)
```
    6 4
  - 4 3
```

(4)
```
    6 1
  - 5 0
```

(8)
```
    6 8
  - 1 4
```

(9)
```
    6 1
  - 4 1
  -----
```

(13)
```
    6 8
  - 5 5
  -----
```

(10)
```
    6 5
  - 1 2
  -----
```

(14)
```
    6 9
  - 4 5
  -----
```

(11)
```
    6 0
  - 3 0
  -----
```

(15)
```
    6 3
  - 5 1
  -----
```

(12)
```
    6 7
  - 2 3
  -----
```

(16)
```
    6 6
  - 3 4
  -----
```

MC02 받아내림이 없는 (두 자리 수)−(두 자리 수) (2)

● 뺄셈을 하세요.

(1)

	7	8
−	2	5

(2)

	7	4
−	3	4

(3)

	7	7
−	5	2

(4)

	7	3
−	6	1

(5)

	7	5
−	1	2

(6)

	7	2
−	4	0

(7)

	7	6
−	7	2

(8)

	7	9
−	3	8

(9)
```
    7 2
  - 3 2
  ─────
```

(13)
```
    7 9
  - 1 1
  ─────
```

(10)
```
    7 5
  - 5 4
  ─────
```

(14)
```
    7 6
  - 4 3
  ─────
```

(11)
```
    7 9
  - 2 5
  ─────
```

(15)
```
    7 7
  - 6 4
  ─────
```

(12)
```
    7 4
  - 7 1
  ─────
```

(16)
```
    7 8
  - 5 2
  ─────
```

MC02 받아내림이 없는 (두 자리 수) − (두 자리 수) (2)

● 뺄셈을 하세요.

(1)
$$\begin{array}{r} 6\ 0 \\ -\ 2\ 0 \\ \hline \end{array}$$

(5)
$$\begin{array}{r} 7\ 2 \\ -\ 3\ 0 \\ \hline \end{array}$$

(2)
$$\begin{array}{r} 6\ 4 \\ -\ 2\ 3 \\ \hline \end{array}$$

(6)
$$\begin{array}{r} 7\ 3 \\ -\ 2\ 2 \\ \hline \end{array}$$

(3)
$$\begin{array}{r} 6\ 3 \\ -\ 1\ 0 \\ \hline \end{array}$$

(7)
$$\begin{array}{r} 7\ 7 \\ -\ 4\ 1 \\ \hline \end{array}$$

(4)
$$\begin{array}{r} 6\ 6 \\ -\ 3\ 2 \\ \hline \end{array}$$

(8)
$$\begin{array}{r} 7\ 8 \\ -\ 1\ 5 \\ \hline \end{array}$$

(9)
```
   6 8
 - 1 7
```

(13)
```
   6 9
 - 5 5
```

(10)
```
   6 4
 - 2 2
```

(14)
```
   7 8
 - 3 4
```

(11)
```
   7 6
 - 2 5
```

(15)
```
   7 3
 - 4 3
```

(12)
```
   7 1
 - 7 0
```

(16)
```
   6 2
 - 4 1
```

MC02 받아내림이 없는 (두 자리 수) – (두 자리 수) (2)

● 뺄셈을 하세요.

(1)

$$
\begin{array}{cc}
& 6\ 1 \\
- & 5\ 1 \\
\hline
\end{array}
$$

(5)

$$
\begin{array}{cc}
& 7\ 9 \\
- & 1\ 6 \\
\hline
\end{array}
$$

(2)

$$
\begin{array}{cc}
& 7\ 8 \\
- & 4\ 6 \\
\hline
\end{array}
$$

(6)

$$
\begin{array}{cc}
& 6\ 7 \\
- & 2\ 4 \\
\hline
\end{array}
$$

(3)

$$
\begin{array}{cc}
& 6\ 9 \\
- & 1\ 8 \\
\hline
\end{array}
$$

(7)

$$
\begin{array}{cc}
& 7\ 5 \\
- & 6\ 1 \\
\hline
\end{array}
$$

(4)

$$
\begin{array}{cc}
& 7\ 4 \\
- & 3\ 2 \\
\hline
\end{array}
$$

(8)

$$
\begin{array}{cc}
& 6\ 3 \\
- & 4\ 3 \\
\hline
\end{array}
$$

(9)
```
    7 0
  − 6 0
```

(13)
```
    7 9
  − 1 2
```

(10)
```
    6 4
  − 4 1
```

(14)
```
    6 6
  − 3 5
```

(11)
```
    6 8
  − 1 5
```

(15)
```
    6 5
  − 2 4
```

(12)
```
    7 7
  − 3 3
```

(16)
```
    7 5
  − 4 0
```

MC02 받아내림이 없는 (두 자리 수)−(두 자리 수) (2)

● 뺄셈을 하세요.

(1)
```
  8 8
- 3 6
─────
```

(5)
```
  8 6
- 2 5
─────
```

(2)
```
  8 9
- 3 7
─────
```

(6)
```
  8 3
- 1 3
─────
```

(3)
```
  8 1
- 5 0
─────
```

(7)
```
  8 5
- 4 2
─────
```

(4)
```
  8 4
- 7 2
─────
```

(8)
```
  8 7
- 8 1
─────
```

(9)
```
    8 4
  - 2 3
  ─────
```

(13)
```
    8 6
  - 5 1
  ─────
```

(10)
```
    8 5
  - 1 4
  ─────
```

(14)
```
    8 9
  - 6 4
  ─────
```

(11)
```
    8 7
  - 6 3
  ─────
```

(15)
```
    8 9
  - 8 0
  ─────
```

(12)
```
    8 8
  - 3 2
  ─────
```

(16)
```
    8 1
  - 4 1
  ─────
```

MC02 받아내림이 없는 (두 자리 수) - (두 자리 수) (2)

● 뺄셈을 하세요.

(1)
```
    9 2
  -　4 1
```

(5)
```
    9 7
  -　1 4
```

(2)
```
    9 3
  -　5 1
```

(6)
```
    9 9
  -　3 5
```

(3)
```
    9 4
  -　6 2
```

(7)
```
    9 5
  -　8 1
```

(4)
```
    9 6
  -　2 5
```

(8)
```
    9 8
  -　7 3
```

(9)
```
    9 5
  - 2 3
```

(13)
```
    9 3
  - 9 1
```

(10)
```
    9 4
  - 4 4
```

(14)
```
    9 6
  - 1 4
```

(11)
```
    9 8
  - 8 2
```

(15)
```
    9 1
  - 8 0
```

(12)
```
    9 9
  - 3 1
```

(16)
```
    9 7
  - 6 5
```

MC02 받아내림이 없는 (두 자리 수) – (두 자리 수) (2)

● 뺄셈을 하세요.

(1)
```
    8 5
 -  2 0
 ───────
```

(5)
```
    9 2
 -  4 1
 ───────
```

(2)
```
    8 3
 -  3 1
 ───────
```

(6)
```
    9 5
 -  5 0
 ───────
```

(3)
```
    8 6
 -  5 4
 ───────
```

(7)
```
    9 4
 -  2 3
 ───────
```

(4)
```
    8 7
 -  4 3
 ───────
```

(8)
```
    9 8
 -  7 5
 ───────
```

(9)

```
   8 5
 − 3 4
```

(13)

```
   9 6
 − 4 5
```

(10)

```
   8 9
 − 1 8
```

(14)

```
   8 4
 − 8 2
```

(11)

```
   9 3
 − 7 1
```

(15)

```
   8 8
 − 5 3
```

(12)

```
   9 0
 − 6 0
```

(16)

```
   9 7
 − 2 6
```

MC단계 5권

받아내림이 없는
(두 자리 수)-(두 자리 수) (3)

3주차

요일	교재 번호	학습한 날짜		확인
1일차(월)	01~08	월	일	
2일차(화)	09~16	월	일	
3일차(수)	17~24	월	일	
4일차(목)	25~32	월	일	
5일차(금)	33~40	월	일	

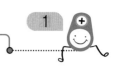

● ☐ 안에 알맞은 수를 쓰세요.

(1)
$$\begin{array}{r} 2\ 0 \\ -\ 1\ 0 \\ \hline \square \end{array}$$
→
$$\begin{array}{r} 2\ 0 \\ -\ 1\ 0 \\ \hline \square\ \square \end{array}$$

(2)
$$\begin{array}{r} 2\ 2 \\ -\ 1\ 0 \\ \hline \square \end{array}$$
→
$$\begin{array}{r} 2\ 2 \\ -\ 1\ 0 \\ \hline \square\ \square \end{array}$$

(3)
$$\begin{array}{r} 2\ 5 \\ -\ 1\ 1 \\ \hline \square \end{array}$$
→
$$\begin{array}{r} 2\ 5 \\ -\ 1\ 1 \\ \hline \square\ \square \end{array}$$

(4)
$$\begin{array}{r} 2\ 4 \\ -\ 1\ 2 \\ \hline \square \end{array}$$
→
$$\begin{array}{r} 2\ 4 \\ -\ 1\ 2 \\ \hline \square\ \square \end{array}$$

(5)
```
  3 0          3 0
- 1 0    →   - 1 0
  ┌─┐        ┌─┬─┐
  └─┘        └─┴─┘
```

(6)
```
  3 5          3 5
- 2 0    →   - 2 0
  ┌─┐        ┌─┬─┐
  └─┘        └─┴─┘
```

(7)
```
  3 4          3 4
- 1 4    →   - 1 4
  ┌─┐        ┌─┬─┐
  └─┘        └─┴─┘
```

(8)
```
  3 7          3 7
- 2 6    →   - 2 6
  ┌─┐        ┌─┬─┐
  └─┘        └─┴─┘
```

● □ 안에 알맞은 수를 쓰세요.

(1)

$$\begin{array}{r} 4\ 0 \\ -\ 1\ 0 \\ \hline \square \end{array}$$
→
$$\begin{array}{r} 4\ 0 \\ -\ 1\ 0 \\ \hline \square\ \square \end{array}$$

(2)

$$\begin{array}{r} 4\ 2 \\ -\ 2\ 1 \\ \hline \square \end{array}$$
→
$$\begin{array}{r} 4\ 2 \\ -\ 2\ 1 \\ \hline \square\ \square \end{array}$$

(3)

$$\begin{array}{r} 4\ 6 \\ -\ 1\ 0 \\ \hline \square \end{array}$$
→
$$\begin{array}{r} 4\ 6 \\ -\ 1\ 0 \\ \hline \square\ \square \end{array}$$

(4)

$$\begin{array}{r} 4\ 5 \\ -\ 3\ 4 \\ \hline \square \end{array}$$
→
$$\begin{array}{r} 4\ 5 \\ -\ 3\ 4 \\ \hline \square\ \square \end{array}$$

(5)
```
  5 2          5 2
-　1 2    →   -　1 2
─────────    ─────────
      □         □ □
```

(6)
```
  5 8          5 8
- 3 0     →   - 3 0
─────────    ─────────
      □         □ □
```

(7)
```
  5 5          5 5
- 2 1     →   - 2 1
─────────    ─────────
      □         □ □
```

(8)
```
  5 3          5 3
- 4 2     →   - 4 2
─────────    ─────────
      □         □ □
```

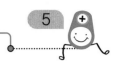

MC03 받아내림이 없는 (두 자리 수) − (두 자리 수) (3)

● ☐ 안에 알맞은 수를 쓰세요.

(1)

$$
\begin{array}{r}
6\ 1 \\
-\ 2\ 0 \\
\hline
\square
\end{array}
\quad\longrightarrow\quad
\begin{array}{r}
6\ 1 \\
-\ 2\ 0 \\
\hline
\square\ \square
\end{array}
$$

(2)

$$
\begin{array}{r}
6\ 4 \\
-\ 1\ 3 \\
\hline
\square
\end{array}
\quad\longrightarrow\quad
\begin{array}{r}
6\ 4 \\
-\ 1\ 3 \\
\hline
\square\ \square
\end{array}
$$

(3)

$$
\begin{array}{r}
6\ 6 \\
-\ 4\ 0 \\
\hline
\square
\end{array}
\quad\longrightarrow\quad
\begin{array}{r}
6\ 6 \\
-\ 4\ 0 \\
\hline
\square\ \square
\end{array}
$$

(4)

$$
\begin{array}{r}
6\ 5 \\
-\ 3\ 1 \\
\hline
\square
\end{array}
\quad\longrightarrow\quad
\begin{array}{r}
6\ 5 \\
-\ 3\ 1 \\
\hline
\square\ \square
\end{array}
$$

(5)
$$\begin{array}{r} 7\ 0 \\ -\ 1\ 0 \\ \hline \square \end{array}$$
→
$$\begin{array}{r} 7\ 0 \\ -\ 1\ 0 \\ \hline \square\ \square \end{array}$$

(6)
$$\begin{array}{r} 7\ 3 \\ -\ 2\ 3 \\ \hline \square \end{array}$$
→
$$\begin{array}{r} 7\ 3 \\ -\ 2\ 3 \\ \hline \square\ \square \end{array}$$

(7)
$$\begin{array}{r} 7\ 8 \\ -\ 3\ 1 \\ \hline \square \end{array}$$
→
$$\begin{array}{r} 7\ 8 \\ -\ 3\ 1 \\ \hline \square\ \square \end{array}$$

(8)
$$\begin{array}{r} 7\ 4 \\ -\ 5\ 2 \\ \hline \square \end{array}$$
→
$$\begin{array}{r} 7\ 4 \\ -\ 5\ 2 \\ \hline \square\ \square \end{array}$$

MC03 받아내림이 없는 (두 자리 수) − (두 자리 수) (3)

● □ 안에 알맞은 수를 쓰세요.

(1)
$$\begin{array}{r} 8\ 3 \\ -\ 1\ 2 \\ \hline \square \end{array}$$
→
$$\begin{array}{r} 8\ 3 \\ -\ 1\ 2 \\ \hline \square\ \square \end{array}$$

(2)
$$\begin{array}{r} 8\ 6 \\ -\ 3\ 1 \\ \hline \square \end{array}$$
→
$$\begin{array}{r} 8\ 6 \\ -\ 3\ 1 \\ \hline \square\ \square \end{array}$$

(3)
$$\begin{array}{r} 8\ 0 \\ -\ 2\ 0 \\ \hline \square \end{array}$$
→
$$\begin{array}{r} 8\ 0 \\ -\ 2\ 0 \\ \hline \square\ \square \end{array}$$

(4)
$$\begin{array}{r} 8\ 4 \\ -\ 4\ 2 \\ \hline \square \end{array}$$
→
$$\begin{array}{r} 8\ 4 \\ -\ 4\ 2 \\ \hline \square\ \square \end{array}$$

(5)

```
  9 1        9 1
- 4 0   →  - 4 0
-----      -----
    □      □ □
```

(6)

```
  9 5        9 5
- 2 5   →  - 2 5
-----      -----
    □      □ □
```

(7)

```
  9 7        9 7
- 1 6   →  - 1 6
-----      -----
    □      □ □
```

(8)

```
  9 8        9 8
- 1 4   →  - 1 4
-----      -----
    □      □ □
```

MC03 받아내림이 없는 (두 자리 수) - (두 자리 수) (3)

● 뺄셈을 하세요.

(1)
```
    1 2
  - 1 0
  -----
      2
```

(5)
```
    1 4
  - 1 2
  -----
```
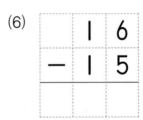

(2)
```
    1 1
  - 1 0
  -----
```

(6)
```
    1 6
  - 1 5
  -----
```
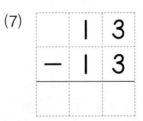

(3)
```
    1 8
  - 1 0
  -----
```

(7)
```
    1 3
  - 1 3
  -----
```
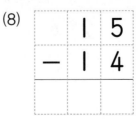

(4)
```
    1 7
  - 1 1
  -----
```

(8)
```
    1 5
  - 1 4
  -----
```

(9)
```
    2 5
 -  2 2
 ───────
```

(13)
```
    2 2
 -  2 1
 ───────
```

(10)
```
    2 7
 -  1 0
 ───────
```

(14)
```
    2 1
 -  1 1
 ───────
```

(11)
```
    2 3
 -  2 1
 ───────
```

(15)
```
    2 8
 -  1 1
 ───────
```

(12)
```
    2 4
 -  1 3
 ───────
```

(16)
```
    2 6
 -  2 4
 ───────
```

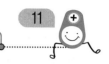

MC03 받아내림이 없는 (두 자리 수) − (두 자리 수) (3)

● 뺄셈을 하세요.

(1)
$$\begin{array}{r} 3\ 7 \\ -\ 1\ 1 \\ \hline \end{array}$$

(5)
$$\begin{array}{r} 3\ 2 \\ -\ 2\ 1 \\ \hline \end{array}$$

(2)
$$\begin{array}{r} 3\ 8 \\ -\ 2\ 1 \\ \hline \end{array}$$

(6)
$$\begin{array}{r} 3\ 9 \\ -\ 3\ 5 \\ \hline \end{array}$$

(3)
$$\begin{array}{r} 3\ 3 \\ -\ 1\ 3 \\ \hline \end{array}$$

(7)
$$\begin{array}{r} 3\ 6 \\ -\ 2\ 1 \\ \hline \end{array}$$

(4)
$$\begin{array}{r} 3\ 4 \\ -\ 3\ 2 \\ \hline \end{array}$$

(8)
$$\begin{array}{r} 3\ 5 \\ -\ 1\ 2 \\ \hline \end{array}$$

(9)

```
    4 3
  − 4 3
```

(13)

```
    5 4
  − 2 3
```

(10)

```
    4 7
  − 1 5
```

(14)

```
    5 6
  − 1 2
```

(11)

```
    4 8
  − 2 4
```

(15)

```
    5 9
  − 4 6
```

(12)

```
    4 2
  − 3 1
```

(16)

```
    5 7
  − 3 7
```

MC03 받아내림이 없는 (두 자리 수) − (두 자리 수) (3)

● 뺄셈을 하세요.

(1)
```
    3 5
  − 2 1
```

(5)
```
    2 3
  − 2 2
```

(2)
```
    1 5
  − 1 2
```

(6)
```
    3 8
  − 1 5
```

(3)
```
    2 8
  − 1 6
```

(7)
```
    4 6
  − 2 4
```

(4)
```
    4 3
  − 3 2
```

(8)
```
    5 5
  − 4 3
```

(9)

	3	6
−	3	2

(13)

	5	4
−	3	3

(10)

	1	9
−	1	3

(14)

	3	1
−	1	0

(11)

	4	8
−	1	1

(15)

	2	9
−	2	4

(12)

	2	2
−	1	1

(16)

	4	5
−	2	2

MC03 받아내림이 없는 (두 자리 수) − (두 자리 수) (3)

● 뺄셈을 하세요.

(1)
```
    6 0
  − 4 0
```

(5)
```
    7 4
  − 1 2
```

(2)
```
    6 7
  − 3 0
```

(6)
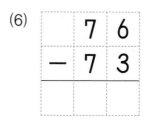
```
    7 6
  − 7 3
```

(3)
```
    6 8
  − 5 1
```

(7)
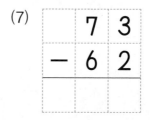
```
    7 3
  − 6 2
```

(4)
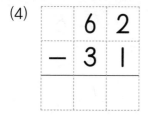
```
    6 2
  − 3 1
```

(8)
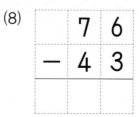
```
    7 6
  − 4 3
```

(9)

```
    8 8
  - 2 6
```

(13)

```
    9 6
  - 6 2
```

(10)

```
    8 5
  - 3 2
```

(14)

```
    9 8
  - 8 5
```

(11)

```
    8 7
  - 5 1
```

(15)

```
    9 4
  - 1 2
```

(12)

```
    8 6
  - 1 5
```

(16)

```
    9 6
  - 4 6
```

MC03 받아내림이 없는 (두 자리 수) – (두 자리 수) (3)

● 뺄셈을 하세요.

(1)
$$\begin{array}{r} 1\ 2 \\ -\ 1\ 1 \\ \hline \end{array}$$

(5)
$$\begin{array}{r} 3\ 6 \\ -\ 1\ 3 \\ \hline \end{array}$$

(2)
$$\begin{array}{r} 3\ 9 \\ -\ 3\ 1 \\ \hline \end{array}$$

(6)
$$\begin{array}{r} 1\ 5 \\ -\ 1\ 2 \\ \hline \end{array}$$

(3)
$$\begin{array}{r} 2\ 4 \\ -\ 2\ 3 \\ \hline \end{array}$$

(7)
$$\begin{array}{r} 5\ 8 \\ -\ 2\ 7 \\ \hline \end{array}$$

(4)
$$\begin{array}{r} 4\ 5 \\ -\ 4\ 2 \\ \hline \end{array}$$

(8)
$$\begin{array}{r} 2\ 7 \\ -\ 1\ 6 \\ \hline \end{array}$$

(9)
```
    6 3
 -  5 2
 -------
```

(13)
```
    3 1
 -  2 0
 -------
```

(10)
```
    1 8
 -  1 3
 -------
```

(14)
```
    5 2
 -  3 1
 -------
```

(11)
```
    4 9
 -  4 0
 -------
```

(15)
```
    4 5
 -  3 3
 -------
```

(12)
```
    2 5
 -  1 4
 -------
```

(16)
```
    5 7
 -  4 3
 -------
```

MC03 받아내림이 없는 (두 자리 수) − (두 자리 수) (3)

● 뺄셈을 하세요.

(1)
```
   1 6
 − 1 2
```

(5)
```
   7 5
 − 3 0
```

(2)
```
   4 7
 − 3 1
```

(6)
```
   3 2
 − 1 2
```

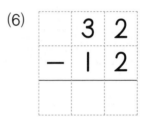

(3)
```
   6 9
 − 3 6
```

(7)
```
   1 3
 − 1 2
```

(4)
```
   5 1
 − 2 0
```

(8)
```
   2 9
 − 1 7
```

(9)
```
    4 1
  - 3 0
  ─────
```

(13)
```
    3 2
  - 1 1
  ─────
```

(10)
```
    8 9
  - 2 1
  ─────
```

(14)
```
    5 6
  - 2 4
  ─────
```

(11)
```
    3 3
  - 2 2
  ─────
```

(15)
```
    2 1
  - 2 0
  ─────
```

(12)
```
    6 4
  - 3 3
  ─────
```

(16)
```
    1 7
  - 1 1
  ─────
```

MC03 받아내림이 없는 (두 자리 수) - (두 자리 수) (3)

● 뺄셈을 하세요.

(1)
```
    5 3
  - 2 1
  ─────
```

(5)
```
    1 4
  - 1 3
  ─────
```

(2)
```
    3 9
  - 1 3
  ─────
```

(6)
```
    9 3
  - 3 3
  ─────
```

(3)
```
    4 5
  - 4 4
  ─────
```

(7)
```
    2 7
  - 2 2
  ─────
```

(4)
```
    6 6
  - 5 2
  ─────
```

(8)
```
    5 2
  - 2 2
  ─────
```

(9)
```
   1 8
-  1 6
```

(13)
```
   3 7
-  1 4
```

(10)
```
   5 3
-  2 1
```

(14)
```
   1 1
-  1 0
```

(11)
```
   7 9
-  4 5
```

(15)
```
   6 2
-  2 2
```

(12)
```
   4 6
-  3 3
```

(16)
```
   2 4
-  1 0
```

MC03 받아내림이 없는 (두 자리 수) − (두 자리 수) (3)

● 뺄셈을 하세요.

(1)
```
    6 8
  − 2 7
```

(5)
```
    8 3
  − 3 1
```

(2)
```
    5 5
  − 1 5
```

(6)
```
    2 6
  − 1 3
```

(3)
```
    1 8
  − 1 6
```

(7)
```
    5 0
  − 2 0
```

(4)
```
    3 4
  − 2 3
```

(8)
```
    4 9
  − 3 7
```

(9)
```
    1 7
  - 1 4
  ─────
```

(13)
```
    4 4
  - 3 3
  ─────
```

(10)
```
    5 2
  - 3 1
  ─────
```

(14)
```
    2 3
  - 1 0
  ─────
```

(11)
```
    9 9
  - 8 8
  ─────
```

(15)
```
    4 6
  - 1 5
  ─────
```

(12)
```
    3 5
  - 2 4
  ─────
```

(16)
```
    6 7
  - 5 6
  ─────
```

MC03 받아내림이 없는 (두 자리 수) − (두 자리 수) (3)

● 뺄셈을 하세요.

(1)
```
    1 7
 −  1 4
```

(2)
```
    2 9
 −  1 0
```

(3)
```
    3 1
 −  1 0
```

(4)
```
    5 3
 −  1 3
```

(5)
```
    3 8
 −  2 0
```
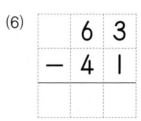

(6)
```
    6 3
 −  4 1
```
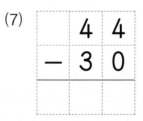

(7)
```
    4 4
 −  3 0
```

(8)
```
    8 7
 −  2 7
```

(9)
```
    5 4
 -  5 2
 -------
```

(13)
```
    8 9
 -  1 0
 -------
```

(10)
```
    4 7
 -  2 7
 -------
```

(14)
```
    7 6
 -  2 2
 -------
```

(11)
```
    6 3
 -  2 0
 -------
```

(15)
```
    9 1
 -  1 0
 -------
```

(12)
```
    2 3
 -  1 2
 -------
```

(16)
```
    3 2
 -  1 2
 -------
```

MC03 받아내림이 없는 (두 자리 수) − (두 자리 수) (3)

● 뺄셈을 하세요.

(1)
```
   3 9
 - 1 6
-------
```

(5)
```
   2 4
 - 2 2
-------
```

(2)
```
   7 7
 - 3 3
-------
```

(6)
```
   3 2
 - 1 1
-------
```

(3)
```
   5 5
 - 3 4
-------
```

(7)
```
   6 0
 - 3 0
-------
```

(4)
```
   1 4
 - 1 3
-------
```

(8)
```
   4 1
 - 2 0
-------
```

(9)
```
    4  6
-   1  3
```

(13)
```
    3  5
-   3  3
```

(10)
```
    2  8
-   1  7
```

(14)
```
    4  9
-   2  9
```

(11)
```
    6  4
-   1  0
```

(15)
```
    7  5
-   2  1
```

(12)
```
    5  6
-   3  3
```

(16)
```
    8  9
-   1  0
```

MC03 받아내림이 없는 (두 자리 수) − (두 자리 수) (3)

● 뺄셈을 하세요.

(1)
```
    7 2
  − 1 0
  ─────
```

(5)
```
    3 8
  − 1 4
  ─────
```

(2)
```
    6 8
  − 3 2
  ─────
```

(6)
```
    8 6
  − 4 2
  ─────
```

(3)
```
    2 7
  − 2 0
  ─────
```

(7)
```
    5 0
  − 3 0
  ─────
```

(4)
```
    4 8
  − 3 3
  ─────
```

(8)
```
    9 5
  − 1 2
  ─────
```

(9)

```
    6  5
  - 2  4
  ───────
```

(13)

```
    2  5
  - 1  3
  ───────
```

(10)

```
    3  7
  - 2  3
  ───────
```

(14)

```
    4  0
  - 3  0
  ───────
```

(11)

```
    8  5
  - 7  2
  ───────
```

(15)

```
    3  9
  - 1  5
  ───────
```

(12)

```
    5  1
  - 1  1
  ───────
```

(16)

```
    7  8
  - 4  2
  ───────
```

MC03 받아내림이 없는 (두 자리 수)-(두 자리 수) (3)

● 뺄셈을 하세요.

(1)
```
    3 4
  - 1 2
  ───────
```

(5)
```
    5 2
  - 2 0
  ───────
```

(2)
```
    2 6
  - 1 5
  ───────
```

(6)
```
    8 1
  - 4 0
  ───────
```

(3)
```
    4 1
  - 1 1
  ───────
```

(7)
```
    7 9
  - 2 2
  ───────
```

(4)
```
    6 7
  - 1 4
  ───────
```

(8)
```
    9 7
  - 5 2
  ───────
```

(9)
```
    4 0
-   2 0
```

(13)
```
    6 6
-   3 3
```

(10)
```
    2 9
-   1 2
```

(14)
```
    5 7
-   2 4
```

(11)
```
    3 3
-   1 1
```

(15)
```
    7 1
-   3 1
```

(12)
```
    8 8
-   3 0
```

(16)
```
    9 2
-   6 2
```

MC03 받아내림이 없는 (두 자리 수) - (두 자리 수) (3)

● 뺄셈을 하세요.

(1)
```
    2 6
  - 1 2
  ─────
```

(4)
```
    2 6
  - □ □
  ─────
    1 4
```

(2)
```
    3 4
  - 2 1
  ─────
```

(5)
```
    3 4
  - □ □
  ─────
    1 3
```

(3)
```
    4 8
  - 3 4
  ─────
```

(6)
```
    4 8
  - □ □
  ─────
    1 4
```

(7)

	5	3
−	2	1

(11)

	5	3
−	☐	☐
	3	2

(8)

	6	5
−	1	2

(12)

	6	5
−	☐	☐
	5	3

(9)

	8	9
−	2	4

(13)

	8	9
−	☐	☐
	6	5

(10)

	9	4
−	6	1

(14)

	9	4
−	☐	☐
	3	3

MC03 받아내림이 없는 (두 자리 수) − (두 자리 수) (3)

● 뺄셈을 하세요.

(1)
```
    3 3
  − 2 1
  ─────
```

(4)
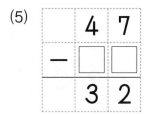
```
    5 6
  − □ □
  ─────
    1 6
```

(2)
```
    5 6
  − 4 0
  ─────
```

(5)
```
    4 7
  − □ □
  ─────
    3 2
```

(3)
```
    4 7
  − 1 5
  ─────
```

(6)
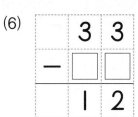
```
    3 3
  − □ □
  ─────
    1 2
```

(7)
```
    8 3
  - 2 2
  ─────
```

(11)
```
    7 4
  - □ □
  ─────
    6 0
```

(8)
```
    7 4
  - 1 4
  ─────
```

(12)
```
    8 3
  - □ □
  ─────
    6 1
```

(9)
```
    9 2
  - 1 0
  ─────
```

(13)
```
    5 7
  - □ □
  ─────
    1 0
```

(10)
```
    5 7
  - 4 7
  ─────
```

(14)
```
    9 2
  - □ □
  ─────
    8 2
```

MC03 받아내림이 없는 (두 자리 수) - (두 자리 수) (3)

● 뺄셈을 하세요.

(1)
```
    4 6
  - 1 1
  -----
```

(4)
```
    5 7
  - □ □
  -----
    2 6
```

(2)
```
    8 3
  - 2 1
  -----
```

(5)
```
    4 6
  - □ □
  -----
    3 5
```

(3)
```
    6 9
  - □ □
  -----
    4 1
```

(6)
```
    8 3
  - □ □
  -----
    6 2
```

(7)

	6	3
−	3	2

(8)

	2	8
−	1	7

(9)

	5	8
−	□	□
	2	8

(10)

	4	3
−	□	□
	2	2

(11)

	7	4
−	□	□
	5	0

(12)

	6	3
−	□	□
	3	1

(13)

	3	5
−	□	□
	1	3

(14)

	2	8
−	□	□
	1	1

MC03 받아내림이 없는 (두 자리 수) − (두 자리 수) (3)

● 뺄셈을 하세요.

(1)
```
    9  8
 −  4  5
 ─────────
```

(4)
```
    5  0
 −  □  □
 ─────────
    4  0
```

(2)
```
    5  0
 −  1  0
 ─────────
```

(5)
```
    4  6
 −  □  □
 ─────────
    3  5
```

(3)
```
    8  7
 −  □  □
 ─────────
    6  6
```

(6)
```
    9  8
 −  □  □
 ─────────
    4  5
```

(7)

```
    9 4
  - 1 3
  ─────
```

(11)

```
    6 8
  - □ □
  ─────
    3 3
```

(8)

```
    5 5
  - 2 1
  ─────
```

(12)

```
    9 4
  - □ □
  ─────
    8 1
```

(9)

```
    7 0
  - □ □
  ─────
    3 0
```

(13)

```
    5 5
  - □ □
  ─────
    3 4
```

(10)

```
    4 7
  - □ □
  ─────
    2 5
```

(14)

```
    8 3
  - □ □
  ─────
    2 0
```

MC 단계 5권

받아내림이 없는
(두 자리 수)−(두 자리 수) (4)

4주차

요일	교재 번호	학습한 날짜		확인
1일차(월)	01~08	월	일	
2일차(화)	09~16	월	일	
3일차(수)	17~24	월	일	
4일차(목)	25~32	월	일	
5일차(금)	33~40	월	일	

● 뺄셈을 하세요.

(1)
```
    8 2
  − 3 1
```

(5)
```
    9 6
  − 2 4
```

(2)
```
    9 5
  − 4 3
```

(6)
```
    8 8
  − 7 2
```

(3)
```
    8 3
  − 4 0
```

(7)
```
    9 7
  − 6 3
```

(4)
```
    9 1
  − 5 1
```

(8)
```
    8 5
  − 1 2
```

(9)
```
    8 0
  - 6 0
  -----
```

(13)
```
    8 7
  - 1 2
  -----
```

(10)
```
    8 6
  - 8 3
  -----
```

(14)
```
    9 5
  - 3 4
  -----
```

(11)
```
    9 2
  - 2 1
  -----
```

(15)
```
    8 4
  - 4 0
  -----
```

(12)
```
    9 9
  - 7 5
  -----
```

(16)
```
    9 8
  - 5 6
  -----
```

MC04 받아내림이 없는 (두 자리 수) - (두 자리 수) (4)

● 뺄셈을 하세요.

(1)
$$\begin{array}{r} 1\ 9 \\ -\ 1\ 8 \\ \hline \end{array}$$

(5)
$$\begin{array}{r} 2\ 7 \\ -\ 2\ 2 \\ \hline \end{array}$$

(2)
$$\begin{array}{r} 3\ 3 \\ -\ 2\ 0 \\ \hline \end{array}$$

(6)
$$\begin{array}{r} 5\ 8 \\ -\ 5\ 2 \\ \hline \end{array}$$

(3)
$$\begin{array}{r} 4\ 5 \\ -\ 2\ 3 \\ \hline \end{array}$$

(7)
$$\begin{array}{r} 1\ 4 \\ -\ 1\ 2 \\ \hline \end{array}$$

(4)
$$\begin{array}{r} 2\ 9 \\ -\ 1\ 4 \\ \hline \end{array}$$

(8)
$$\begin{array}{r} 3\ 6 \\ -\ 3\ 1 \\ \hline \end{array}$$

(9)
```
    3 9
 -  1 5
 ───────
```

(13)
```
    2 9
 -  1 8
 ───────
```

(10)
```
    1 8
 -  1 3
 ───────
```

(14)
```
    3 7
 -  2 4
 ───────
```

(11)
```
    4 4
 -  3 3
 ───────
```

(15)
```
    5 8
 -  1 5
 ───────
```

(12)
```
    5 6
 -  2 6
 ───────
```

(16)
```
    4 7
 -  2 1
 ───────
```

MC04 받아내림이 없는 (두 자리 수) − (두 자리 수) (4)

● 뺄셈을 하세요.

(1)

	2	2
−	2	0

(5)

	3	8
−	2	3

(2)

	5	5
−	3	4

(6)

	1	3
−	1	3

(3)

	1	7
−	1	1

(7)

	3	4
−	3	1

(4)

	4	6
−	1	2

(8)

	2	8
−	1	6

(9)

```
    5  1
 -  4  0
```

(13)

```
    4  7
 -  3  3
```

(10)

```
    3  6
 -  2  2
```

(14)

```
    2  8
 -  1  5
```

(11)

```
    4  9
 -  1  8
```

(15)

```
    1  6
 -  1  4
```

(12)

```
    2  4
 -  2  1
```

(16)

```
    5  7
 -  3  2
```

MC04 받아내림이 없는 (두 자리 수) − (두 자리 수) (4)

● 뺄셈을 하세요.

(1)
$$\begin{array}{r} 4\ 1 \\ -\ 3\ 0 \\ \hline \end{array}$$

(5)
$$\begin{array}{r} 1\ 9 \\ -\ 1\ 5 \\ \hline \end{array}$$

(2)
$$\begin{array}{r} 2\ 6 \\ -\ 1\ 6 \\ \hline \end{array}$$

(6)
$$\begin{array}{r} 4\ 5 \\ -\ 2\ 2 \\ \hline \end{array}$$

(3)
$$\begin{array}{r} 5\ 2 \\ -\ 4\ 1 \\ \hline \end{array}$$

(7)
$$\begin{array}{r} 2\ 8 \\ -\ 2\ 3 \\ \hline \end{array}$$

(4)
$$\begin{array}{r} 3\ 7 \\ -\ 1\ 3 \\ \hline \end{array}$$

(8)
$$\begin{array}{r} 5\ 0 \\ -\ 4\ 0 \\ \hline \end{array}$$

(9)

```
    5 8
  - 2 6
  ─────
```

(13)

```
    2 7
  - 1 7
  ─────
```

(10)

```
    1 1
  - 1 0
  ─────
```

(14)

```
    5 2
  - 3 0
  ─────
```

(11)

```
    3 5
  - 3 2
  ─────
```

(15)

```
    1 7
  - 1 3
  ─────
```

(12)

```
    4 6
  - 2 1
  ─────
```

(16)

```
    3 9
  - 2 5
  ─────
```

MC04 받아내림이 없는 (두 자리 수) - (두 자리 수) (4)

● 뺄셈을 하세요.

(1)
```
   3 6
 - 2 3
```

(5)
```
   4 7
 - 1 4
```

(2)
```
   1 2
 - 1 0
```

(6)
```
   2 3
 - 2 2
```

(3)
```
   4 4
 - 4 1
```

(7)
```
   5 5
 - 4 3
```

(4)
```
   5 9
 - 3 9
```

(8)
```
   3 8
 - 3 2
```

(9)

	1	9
−	1	3

(13)

	3	6
−	1	2

(10)

	5	7
−	3	6

(14)

	2	8
−	2	5

(11)

	2	4
−	2	0

(15)

	4	1
−	2	1

(12)

	4	2
−	3	1

(16)

	5	9
−	4	4

MC04 받아내림이 없는 (두 자리 수) - (두 자리 수) (4)

● 뺄셈을 하세요.

(1)

	6	7
−	1	4

(5)

	8	9
−	2	4

(2)

	6	2
−	3	1

(6)

	8	6
−	4	6

(3)

	7	5
−	2	2

(7)

	9	3
−	3	2

(4)

	7	4
−	5	0

(8)

	9	8
−	4	5

(9)

```
    6 8
  - 1 4
  ─────
```

(13)

```
    9 9
  - 8 2
  ─────
```

(10)

```
    8 1
  - 6 1
  ─────
```

(14)

```
    6 8
  - 5 6
  ─────
```

(11)

```
    9 4
  - 4 3
  ─────
```

(15)

```
    7 3
  - 1 1
  ─────
```

(12)

```
    7 7
  - 3 5
  ─────
```

(16)

```
    8 6
  - 2 3
  ─────
```

MC04 받아내림이 없는 (두 자리 수) – (두 자리 수) (4)

● 뺄셈을 하세요.

(1)
```
    9 6
  - 3 2
  ─────
```

(5)
```
    7 8
  - 1 4
  ─────
```

(2)
```
    6 8
  - 2 3
  ─────
```

(6)
```
    9 3
  - 6 2
  ─────
```

(3)
```
    7 3
  - 5 1
  ─────
```

(7)
```
    8 9
  - 1 5
  ─────
```

(4)
```
    8 8
  - 7 0
  ─────
```

(8)
```
    6 5
  - 4 3
  ─────
```

(9)
```
    6 6
-   5 1
-------
```

(13)
```
    8 6
-   4 2
-------
```

(10)
```
    7 4
-   2 3
-------
```

(14)
```
    7 9
-   5 3
-------
```

(11)
```
    6 5
-   3 0
-------
```

(15)
```
    9 7
-   4 6
-------
```

(12)
```
    9 8
-   6 5
-------
```

(16)
```
    8 4
-   2 4
-------
```

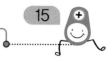

MC04 받아내림이 없는 (두 자리 수)−(두 자리 수) (4)

● 뺄셈을 하세요.

(1)
```
    9  4
 −  2  4
```

(5)
```
    9  5
 −  7  0
```

(2)
```
    8  9
 −  5  5
```

(6)
```
    8  8
 −  4  1
```

(3)
```
    7  1
 −  3  1
```

(7)
```
    6  7
 −  3  6
```

(4)
```
    6  6
 −  1  6
```

(8)
```
    7  8
 −  6  3
```

(9)
```
    6 7
  - 5 1
  ─────
```

(13)
```
    8 7
  - 5 4
  ─────
```

(10)
```
    9 4
  - 1 0
  ─────
```

(14)
```
    7 5
  - 2 3
  ─────
```

(11)
```
    8 3
  - 3 2
  ─────
```

(15)
```
    9 9
  - 5 7
  ─────
```

(12)
```
    7 7
  - 4 3
  ─────
```

(16)
```
    6 8
  - 2 1
  ─────
```

MC04 받아내림이 없는 (두 자리 수) - (두 자리 수) (4)

● 뺄셈을 하세요.

(1)

	1	8
−	1	2

(5)

	5	4
−	2	2

(2)

	2	3
−	1	1

(6)

	6	6
−	5	3

(3)

	3	5
−	2	4

(7)

	7	9
−	4	7

(4)

	4	0
−	3	0

(8)

	8	7
−	6	2

(9)

```
    9 7
 -  2 3
 ───────
```

(13)

```
    5 9
 -  2 2
 ───────
```

(10)

```
    8 4
 -  1 1
 ───────
```

(14)

```
    4 3
 -  1 1
 ───────
```

(11)

```
    7 2
 -  3 2
 ───────
```

(15)

```
    3 8
 -  1 5
 ───────
```

(12)

```
    6 0
 -  4 0
 ───────
```

(16)

```
    2 5
 -  1 4
 ───────
```

MC04 받아내림이 없는 (두 자리 수)−(두 자리 수) (4)

● 뺄셈을 하세요.

(1)
```
    2 5
  − 1 2
  ─────
```

(5)
```
    5 3
  − 2 1
  ─────
```

(2)
```
    8 9
  − 7 7
  ─────
```

(6)
```
    7 8
  − 6 5
  ─────
```

(3)
```
    9 0
  − 3 0
  ─────
```

(7)
```
    6 4
  − 4 2
  ─────
```

(4)
```
    1 6
  − 1 3
  ─────
```

(8)
```
    4 7
  − 2 4
  ─────
```

(9)
```
   3 5
 - 1 1
───────
```

(13)
```
   4 3
 - 2 2
───────
```

(10)
```
   6 9
 - 5 5
───────
```

(14)
```
   7 6
 - 3 4
───────
```

(11)
```
   9 1
 - 4 0
───────
```

(15)
```
   8 5
 - 6 5
───────
```

(12)
```
   2 7
 - 1 6
───────
```

(16)
```
   5 8
 - 2 3
───────
```

MC04 받아내림이 없는 (두 자리 수)−(두 자리 수) (4)

● 뺄셈을 하세요.

(1)
```
    7 1
 −  4 0
 ───────
```

(5)
```
    2 5
 −  2 3
 ───────
```

(2)
```
    1 6
 −  1 2
 ───────
```

(6)
```
    6 3
 −  4 1
 ───────
```

(3)
```
    3 9
 −  2 7
 ───────
```

(7)
```
    9 9
 −  3 8
 ───────
```

(4)
```
    5 5
 −  3 1
 ───────
```

(8)
```
    8 7
 −  6 4
 ───────
```

(9)
```
    1 7
  - 1 4
  ─────
```

(13)
```
    3 6
  - 3 0
  ─────
```

(10)
```
    9 5
  - 6 2
  ─────
```

(14)
```
    7 8
  - 2 1
  ─────
```

(11)
```
    2 4
  - 1 4
  ─────
```

(15)
```
    4 6
  - 4 2
  ─────
```

(12)
```
    8 9
  - 4 6
  ─────
```

(16)
```
    6 3
  - 5 1
  ─────
```

MC04 받아내림이 없는 (두 자리 수) - (두 자리 수) (4)

● 뺄셈을 하세요.

(1)
```
    3 5
  - 2 1
```

(5)
```
    9 2
  - 4 2
```

(2)
```
    4 8
  - 1 6
```

(6)
```
    6 8
  - 2 2
```

(3)
```
    8 7
  - 5 3
```

(7)
```
    2 9
  - 1 0
```

(4)
```
    5 6
  - 3 5
```

(8)
```
    7 6
  - 6 1
```

(9)
```
    6 9
  - 5 4
  -----
```

(13)
```
    3 7
  - 1 5
  -----
```

(10)
```
    2 6
  - 1 3
  -----
```

(14)
```
    8 2
  - 7 2
  -----
```

(11)
```
    7 5
  - 4 2
  -----
```

(15)
```
    5 9
  - 3 7
  -----
```

(12)
```
    4 6
  - 4 1
  -----
```

(16)
```
    9 8
  - 2 4
  -----
```

MC04 받아내림이 없는 (두 자리 수)−(두 자리 수) (4)

● 뺄셈을 하세요.

(1)
```
  4 9
-　2 5
```

(5)
```
  5 6
-　4 1
```

(2)
```
  9 3
-　1 2
```

(6)
```
  7 2
-　2 1
```

(3)
```
  3 6
-　3 4
```

(7)
```
  2 5
-　1 3
```

(4)
```
  6 8
-　3 5
```

(8)
```
  8 4
-　4 0
```

(9)

```
    1 3
-   1 1
─────────
```

(13)

```
    4 5
-   3 5
─────────
```

(10)

```
    7 9
-   3 4
─────────
```

(14)

```
    6 7
-   4 2
─────────
```

(11)

```
    2 2
-   1 0
─────────
```

(15)

```
    8 8
-   6 4
─────────
```

(12)

```
    9 6
-   5 5
─────────
```

(16)

```
    3 4
-   2 2
─────────
```

MC04 받아내림이 없는 (두 자리 수) − (두 자리 수) (4)

● 뺄셈을 하세요.

(1)
```
    1 5
  - 1 1
  ─────
```

(4)
```
    1 5
  - □ □
  ─────
      4
```

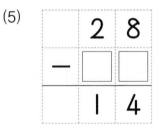

(2)
```
    2 8
  - 1 4
  ─────
```

(5)
```
    2 8
  - □ □
  ─────
    1 4
```

(3)
```
    3 4
  - 2 3
  ─────
```

(6)
```
    3 4
  - □ □
  ─────
    1 1
```

(7)
```
    2 3
-   1 2
───────
```

(11)
```
    2 3
-   □ □
───────
    1 1
```

(8)
```
    1 8
-   1 4
───────
```

(12)
```
    1 8
-   □ □
───────
      4
```

(9)
```
    3 9
-   1 4
───────
```

(13)
```
    3 9
-   □ □
───────
    2 5
```

(10)
```
    3 5
-   2 2
───────
```

(14)
```
    3 5
-   □ □
───────
    1 3
```

MC04 받아내림이 없는 (두 자리 수) − (두 자리 수) (4)

● 뺄셈을 하세요.

(1)

```
    4 3
−   2 1
───────
```

(4)

```
    5 7
− □ □
───────
    4 2
```

(2)

```
    5 7
−   1 5
───────
```

(5)

```
    6 5
− □ □
───────
    3 1
```

(3)

```
    6 5
−   3 4
───────
```

(6)

```
    4 3
− □ □
───────
    2 2
```

(7)
```
    4  6
 -  1  4
 ───────
```

(11)
```
    5  4
 -  □  □
 ───────
    2  2
```

(8)
```
    5  4
 -  3  2
 ───────
```

(12)
```
    4  6
 -  □  □
 ───────
    3  2
```

(9)
```
    6  7
 -  2  5
 ───────
```

(13)
```
    6  9
 -  □  □
 ───────
    5  3
```

(10)
```
    6  9
 -  1  6
 ───────
```

(14)
```
    6  7
 -  □  □
 ───────
    4  2
```

MC04 받아내림이 없는 (두 자리 수) - (두 자리 수) (4)

● 뺄셈을 하세요.

(1)
```
    7 4
  - 3 1
  ─────
```

(4)
```
    9 6
  - □ □
  ─────
    6 5
```

(2)
```
    8 8
  - 5 4
  ─────
```

(5)
```
    7 4
  - □ □
  ─────
    4 3
```

(3)
```
    9 6
  - 3 1
  ─────
```

(6)
```
    8 8
  - □ □
  ─────
    3 4
```

(7)
```
    7 9
  - 5 6
  ─────
```

(11)
```
    9 7
  - □ □
  ─────
    1 3
```

(8)
```
    8 5
  - 4 1
  ─────
```

(12)
```
    8 3
  - □ □
  ─────
    3 1
```

(9)
```
    8 3
  - 5 2
  ─────
```

(13)
```
    8 5
  - □ □
  ─────
    4 4
```

(10)
```
    9 7
  - 8 4
  ─────
```

(14)
```
    7 9
  - □ □
  ─────
    2 3
```

MC04 받아내림이 없는 (두 자리 수)−(두 자리 수) (4)

● 뺄셈을 하세요.

(1)
```
    2 4
  − 1 3
  ─────
```

(4)
```
    3 8
  − □ □
  ─────
    2 1
```

(2)
```
    3 8
  − 1 7
  ─────
```

(5)
```
    4 5
  − □ □
  ─────
    1 3
```

(3)
```
    4 5
  − 3 2
  ─────
```

(6)
```
    2 4
  − □ □
  ─────
    1 1
```

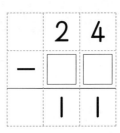

(7)
```
    6 2
  - 5 1
  ─────
```

(11)
```
    5 7
  - □ □
  ─────
    2 3
```

(8)
```
    7 6
  - 2 2
  ─────
```

(12)
```
    6 2
  - □ □
  ─────
    1 1
```

(9)
```
    8 1
  - 7 0
  ─────
```

(13)
```
    9 9
  - □ □
  ─────
    4 6
```

(10)
```
    9 9
  - 5 3
  ─────
```

(14)
```
    4 6
  - □ □
  ─────
    1 5
```

MC04 받아내림이 없는 (두 자리 수)－(두 자리 수) (4)

● 뺄셈을 하세요.

(1)
```
    2 7
  － 1 2
  ───────
```

(4)
```
    3 3
  － □ □
  ───────
    2 1
```

(2)
```
    3 3
  － 1 2
  ───────
```

(5)
```
    1 8
  － □ □
  ───────
      3
```

(3)
```
    4 9
  － 1 8
  ───────
```

(6)
```
    2 7
  － □ □
  ───────
    1 5
```

(7)
```
    5 6
  - 2 3
  ─────
```

(11)
```
    4 9
  - □ □
  ─────
    1 7
```

(8)
```
    6 5
  - 5 4
  ─────
```

(12)
```
    7 2
  - □ □
  ─────
    5 0
```

(9)
```
    7 2
  - 2 2
  ─────
```

(13)
```
    6 5
  - □ □
  ─────
    1 1
```

(10)
```
    8 8
  - 3 5
  ─────
```

(14)
```
    9 6
  - □ □
  ─────
    7 3
```

MC04 받아내림이 없는 (두 자리 수) - (두 자리 수) (4)

● 뺄셈을 하세요.

(1)

```
    2 6
  - 1 5
  _____
```

(4)

```
    4 4
  - □ □
  _____
    2 3
```

(2)

```
    3 9
  - 2 6
  _____
```

(5)

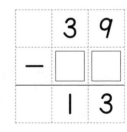

```
    3 9
  - □ □
  _____
    1 3
```

(3)

```
    2 6
  - □ □
  _____
    1 1
```

(6)

```
    5 7
  - □ □
  _____
    3 5
```

(7)

```
    6 8
  - 3 6
  ─────
```

(11)

```
    6 8
  - □ □
  ─────
    3 2
```

(8)

```
    7 4
  - 3 0
  ─────
```

(12)

```
    2 9
  - □ □
  ─────
    1 5
```

(9)

```
    8 5
  - □ □
  ─────
    4 4
```

(13)

```
    7 4
  - □ □
  ─────
    4 4
```

(10)

```
    3 2
  - □ □
  ─────
    2 1
```

(14)

```
    9 6
  - □ □
  ─────
    6 1
```

MC04 받아내림이 없는 (두 자리 수)−(두 자리 수) (4)

● 뺄셈을 하세요.

(1)

```
    5 3
 −  2 0
 ───────
```

(4)

```
    3 9
 −  □ □
 ───────
    1 4
```

(2)

```
    4 8
 −  3 6
 ───────
```

(5)

```
    5 3
 −  □ □
 ───────
    3 3
```

(3)

```
    7 6
 −  □ □
 ───────
    2 3
```

(6)

```
    4 8
 −  □ □
 ───────
    1 2
```

(7)
$$
\begin{array}{r}
2\ 9 \\
-\ 1\ 6 \\
\hline
\end{array}
$$

(11)
$$
\begin{array}{r}
4\ 6 \\
-\ \square\ \square \\
\hline
2\ 1
\end{array}
$$

(8)
$$
\begin{array}{r}
6\ 4 \\
-\ 3\ 3 \\
\hline
\end{array}
$$

(12)
$$
\begin{array}{r}
5\ 9 \\
-\ \square\ \square \\
\hline
2\ 5
\end{array}
$$

(9)
$$
\begin{array}{r}
9\ 5 \\
-\ \square\ \square \\
\hline
7\ 3
\end{array}
$$

(13)
$$
\begin{array}{r}
6\ 4 \\
-\ \square\ \square \\
\hline
3\ 1
\end{array}
$$

(10)
$$
\begin{array}{r}
8\ 8 \\
-\ \square\ \square \\
\hline
5\ 6
\end{array}
$$

(14)
$$
\begin{array}{r}
2\ 9 \\
-\ \square\ \square \\
\hline
1\ 3
\end{array}
$$

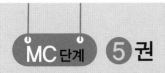

MC 단계 **5** 권

학교 연산 대비하자

연산 UP

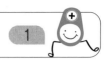
● 뺄셈을 하시오.

(1)
```
    2 8
  - 1 2
  -----
```

(5)
```
    6 9
  - 2 4
  -----
```

(2)
```
    3 6
  - 1 3
  -----
```

(6)
```
    7 7
  - 3 5
  -----
```

(3)
```
    4 9
  - 4 1
  -----
```

(7)
```
    8 8
  - 2 3
  -----
```

(4)
```
    5 7
  - 2 0
  -----
```

(8)
```
    9 6
  - 7 5
  -----
```

(9)

```
    3 6
  - 2 1
  ─────
```

(13)

```
    4 8
  - 2 3
  ─────
```

(10)

```
    6 4
  - 2 3
  ─────
```

(14)

```
    7 9
  - 6 6
  ─────
```

(11)

```
    5 8
  - 4 6
  ─────
```

(15)

```
    8 7
  - 4 2
  ─────
```

(12)

```
    8 5
  - 5 3
  ─────
```

(16)

```
    9 7
  - 3 6
  ─────
```

● 뺄셈을 하시오.

(1)
```
    5 8
  − 2 2
```

(5)
```
    6 7
  − 5 3
```

(2)
```
    4 9
  − 1 7
```

(6)
```
    7 6
  − 4 1
```

(3)
```
    6 4
  − 1 1
```

(7)
```
    9 3
  − 6 2
```

(4)
```
    9 5
  − 1 4
```

(8)
```
    8 9
  − 1 2
```

(9)

```
    4 5
  - 3 1
```

(13)

```
    6 8
  - 3 5
```

(10)

```
    3 8
  - 1 4
```

(14)

```
    9 1
  - 2 0
```

(11)

```
    9 6
  - 8 1
```

(15)

```
    5 4
  - 1 3
```

(12)

```
    7 9
  - 5 3
```

(16)

```
    8 6
  - 7 4
```

5

● 뺄셈을 하시오.

(1)

```
    5 7
-   3 5
```

(5)

```
    7 4
-   2 1
```

(2)

```
    9 6
-   5 2
```

(6)

```
    5 8
-   4 5
```

(3)

```
    8 5
-   6 3
```

(7)

```
    9 9
-   1 8
```

(4)

```
    6 9
-   1 3
```

(8)

```
    8 8
-   3 2
```

(9)
```
   6 8
 - 2 6
 ─────
```

(13)
```
   6 6
 - 4 2
 ─────
```

(10)
```
   8 9
 - 2 6
 ─────
```

(14)
```
   7 3
 - 1 3
 ─────
```

(11)
```
   7 9
 - 3 2
 ─────
```

(15)
```
   8 7
 - 5 1
 ─────
```

(12)
```
   9 5
 - 7 3
 ─────
```

(16)
```
   9 8
 - 4 5
 ─────
```

● 빈 곳에 알맞은 수를 써넣으시오.

(1)
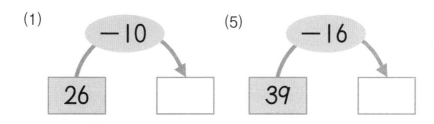

−10

26

(5)

−16

39

(2)

−23

64

(6)

−24

58

(3)

−45

75

(7)

−15

47

(4)

−31

83

(8)

−72

92

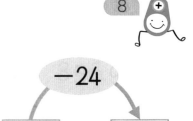

(9)

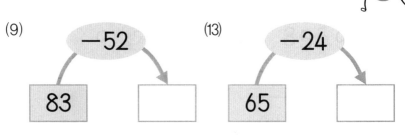

−52

83

(13)

−24

65

(10)

−32

46

(14)

−21

77

(11)

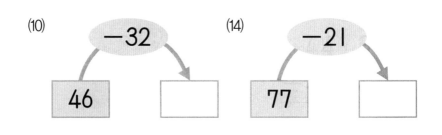

−41

74

(15)

−54

99

(12)

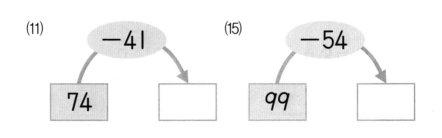

−15

96

(16)

−13

88

● 두 수의 차를 빈 곳에 써넣으시오.

(1)

```
25      12
    [  ]
```

(5)

```
47      24
    [  ]
```

(2)

```
58      46
    [  ]
```

(6)

```
85      23
    [  ]
```

(3)

```
39      17
    [  ]
```

(7)

```
79      45
    [  ]
```

(4)

```
67      13
    [  ]
```

(8)

```
95      52
    [  ]
```

(9)

52	41

(13)

69	14

(10)

78	34

(14)

87	63

(11)

83	22

(15)

74	31

(12)

96	84

(16)

98	28

● 빈 곳에 알맞은 수를 써넣으시오.

(1)

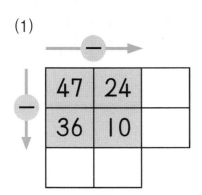

(3)

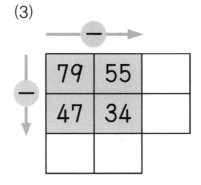

(2)

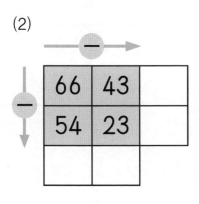

(4)

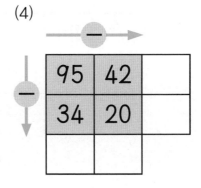

(5)

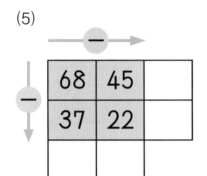

(7)

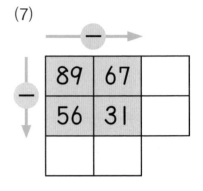

(6)

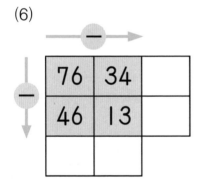

(8)

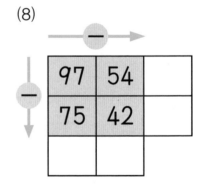

● 다음을 읽고 물음에 답하시오.

(1) 지난달에 상원이네 모둠에서 읽은 동화책은 **25**권이고, 정수네 모둠에서 읽은 동화책은 **12**권입니다. 상원이네 모둠은 정수네 모둠보다 몇 권 더 많이 읽었습니까?

(   )

(2) 별빛 아파트에 사는 초등학생은 **43**명이고, 햇빛 아파트에 사는 초등학생은 **30**명입니다. 별빛 아파트에 사는 초등학생은 햇빛 아파트에 사는 초등학생보다 몇 명 더 많습니까?

(   )

(3) 주영이는 색종이를 **38**장 가지고 있습니다. 종이접기를 하는 데 **13**장을 사용하였다면, 남은 색종이는 몇 장입니까?

(   )

(4) 냉장고에 귤이 **27**개 있고, 감은 귤보다 **12**개 적게 있습니다. 냉장고에 있는 감은 몇 개입니까?

(   )

(5) 주환이는 **26**장짜리 스케치북을 한 권 샀습니다. 미술 시간에 모둠에서 작품을 만들기 위해 **14**장을 뜯어 사용하였습니다. 남은 스케치북은 몇 장입니까?

(   )

(6) 냉동만두 한 봉지에 만두가 **38**개 들어 있습니다. 그중에서 **12**개를 쪄서 먹었습니다. 남은 만두는 몇 개입니까?

(   )

● 다음을 읽고 물음에 답하시오.

(1) 수영장 안에서 남자 **23**명과 여자 **68**명이 수영을 하고 있습니다. 수영장 안에 있는 사람 중 여자는 남자보다 몇 명 더 많습니까?

(   )

(2) 정민이네 집에서는 닭을 **47**마리, 꿩을 **26**마리 기르고 있습니다. 정민이네 집에서 키우는 닭은 꿩보다 몇 마리 더 많습니까?

(   )

(3) 준기는 밤을 **64**개 주웠고 동생은 밤을 **21**개 주웠습니다. 준기는 동생보다 밤을 몇 개 더 많이 주웠습니까?

(   )

(4) 서점에 **87**명의 사람들이 있습니다. 그중 **35**명이 남자라면, 여자는 몇 명입니까?

(   )

(5) 할아버지의 연세는 **68**세입니다. 아버지는 할아버지의 연세보다 **32**세가 적습니다. 아버지의 연세는 몇 세입니까?

(   )

(6) 수정이는 **96**쪽짜리 동화책을 읽고 있습니다. 지금까지 **31**쪽을 읽었다면, 앞으로 수정이는 몇 쪽을 더 읽어야 합니까?

(   )

정 답

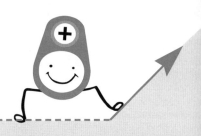

1	2	3	4	5	6	7	8
) 15	(5) 5	(1) 10	(5) 13	(1) 20	(5) 11	(1) 3	(5) 20
) 21	(6) 1	(2) 2	(6) 12	(2) 21	(6) 32	(2) 10	(6) 25
) 30	(7) 10	(3) 3	(7) 5	(3) 24	(7) 35	(3) 15	(7) 22
) 42	(8) 14	(4) 11	(8) 7	(4) 12	(8) 22	(4) 22	(8) 34

9	10	11	12	13	14	15	16
) 1, 11	(5) 1, 11	(1) 20, 21	(6) 20, 20	(1) 40, 3, 43	(6) 20, 2, 22	(1) 50, 3, 53	(6) 50, 2, 52
) 3, 13	(6) 3, 13	(2) 20, 21	(7) 10, 16	(2) 30, 0, 30	(7) 40, 7, 47	(2) 60, 1, 61	(7) 30, 4, 34
) 3, 13	(7) 1, 11	(3) 20, 25	(8) 20, 22	(3) 30, 5, 35	(8) 50, 4, 54	(3) 60, 2, 62	(8) 20, 3, 23
) 0, 10	(8) 5, 15	(4) 20, 23	(9) 20, 21	(4) 30, 1, 31	(9) 20, 1, 21	(4) 40, 4, 44	(9) 70, 1, 71
	(9) 7, 17	(5) 10, 12	(10) 10, 15	(5) 10, 5, 15	(10) 40, 3, 43	(5) 40, 3, 43	(10) 40, 9, 49
	(10) 5, 15		(11) 30, 32		(11) 10, 5, 15		(11) 50, 3, 53

17	18	19	20	21	22	23	24
(1) 2	(9) 10	(1) 4	(9) 10	(1) 10	(9) 13	(1) 20	(9) 41
(2) 2	(10) 12	(2) 3	(10) 17	(2) 21	(10) 22	(2) 41	(10) 23
(3) 0	(11) 11	(3) 6	(11) 13	(3) 20	(11) 3	(3) 12	(11) 34
(4) 3	(12) 11	(4) 4	(12) 11	(4) 3	(12) 14	(4) 34	(12) 13
(5) 2	(13) 14	(5) 12	(13) 10	(5) 20	(13) 23	(5) 30	(13) 41
(6) 3	(14) 4	(6) 11	(14) 9	(6) 23	(14) 22	(6) 42	(14) 24
(7) 2	(15) 2	(7) 12	(15) 2	(7) 12	(15) 14	(7) 12	(15) 5
(8) 7	(16) 14	(8) 16	(16) 4	(8) 38	(16) 1	(8) 26	(16) 16
	(17) 13		(17) 5		(17) 35		(17) 35

25	26	27	28	29	30	31	32
(1) 5	(9) 42	(1) 61	(9) 52	(1) 6	(9) 30	(1) 18	(9) 55
(2) 4	(10) 37	(2) 57	(10) 21	(2) 4	(10) 24	(2) 20	(10) 1
(3) 13	(11) 46	(3) 44	(11) 61	(3) 12	(11) 25	(3) 20	(11) 22
(4) 1	(12) 33	(4) 21	(12) 16	(4) 11	(12) 45	(4) 21	(12) 16
(5) 15	(13) 12	(5) 62	(13) 80	(5) 23	(13) 40	(5) 17	(13) 55
(6) 13	(14) 25	(6) 43	(14) 70	(6) 35	(14) 52	(6) 60	(14) 14
(7) 33	(15) 26	(7) 21	(15) 83	(7) 10	(15) 72	(7) 63	(15) 74
(8) 16	(16) 46	(8) 5	(16) 60	(8) 33	(16) 31	(8) 26	(16) 2
	(17) 54		(17) 51		(17) 13		(17) 22

MC01

33	34	35	36	37	38	39	40
1) 14	(9) 22	(1) 15	(6) 12	14, 4,	65, 45,	3, 2,	1, 34,
2) 2	(10) 47	(2) 20	(7) 35	35, 5,	54, 44,	15, 14,	23, 34,
3) 4	(11) 6	(3) 43	(8) 62	36, 26,	63, 53,	25, 22,	23, 45,
4) 15	(12) 26	(4) 42	(9) 33	37, 17,	62, 32,	35, 34,	34, 45,
5) 34	(13) 38	(5) 51	(10) 34	28, 8,	51, 31,	33, 32,	56, 67,
6) 33	(14) 7		(11) 61	39, 9	60, 40	45, 44,	45, 56,
7) 70	(15) 34		(12) 14			43, 42	67, 78
8) 12	(16) 83		(13) 35				
	(17) 14						

MC02

1	2	3	4	5	6	7	8
1) 2	(9) 7	(1) 0, 1, 0	(4) 1, 1, 1	(1) 2, 2, 2	(4) 2, 2, 2	(1) 2, 3, 2	(4) 5, 2, 5
2) 12	(10) 42	(2) 1, 1, 1	(5) 5, 1, 5	(2) 0, 2, 0	(5) 3, 1, 3	(2) 1, 3, 1	(5) 6, 1, 6
3) 11	(11) 4	(3) 3, 1, 3	(6) 7, 1, 7	(3) 7, 1, 7	(6) 1, 1, 1	(3) 2, 2, 2	(6) 2, 1, 2
4) 10	(12) 25		(7) 0, 1, 0		(7) 2, 2, 2		(7) 7, 1, 7
5) 35	(13) 22						
6) 54	(14) 12						
7) 21	(15) 50						
8) 13	(16) 13						
	(17) 14						

9	10	11	12	13	14	15	16
(1) 4, 1, 4	(4) 3, 2, 3	(1) 4	(9) 4	(1) 10	(9) 24	(1) 5	(9) 2
(2) 5, 2, 5	(5) 1, 1, 1	(2) 7	(10) 6	(2) 23	(10) 14	(2) 3	(10) 12
(3) 2, 1, 2	(6) 0, 1, 0	(3) 3	(11) 19	(3) 14	(11) 5	(3) 10	(11) 1
	(7) 3, 1, 3	(4) 5	(12) 3	(4) 22	(12) 10	(4) 12	(12) 10
		(5) 12	(13) 1	(5) 3	(13) 11	(5) 16	(13) 12
		(6) 14	(14) 4	(6) 14	(14) 4	(6) 4	(14) 1
		(7) 4	(15) 0	(7) 28	(15) 23	(7) 22	(15) 0
		(8) 6	(16) 12	(8) 1	(16) 2	(8) 23	(16) 3

17	18	19	20	21	22	23	24
(1) 14	(9) 22	(1) 30	(9) 31	(1) 33	(9) 42	(1) 21	(9) 13
(2) 20	(10) 18	(2) 23	(10) 10	(2) 43	(10) 13	(2) 32	(10) 30
(3) 7	(11) 4	(3) 13	(11) 21	(3) 25	(11) 37	(3) 22	(11) 23
(4) 12	(12) 13	(4) 0	(12) 1	(4) 23	(12) 21	(4) 23	(12) 16
(5) 3	(13) 1	(5) 22	(13) 26	(5) 33	(13) 35	(5) 30	(13) 31
(6) 6	(14) 6	(6) 12	(14) 2	(6) 20	(14) 21	(6) 30	(14) 12
(7) 4	(15) 2	(7) 31	(15) 15	(7) 12	(15) 13	(7) 41	(15) 42
(8) 20	(16) 21	(8) 15	(16) 32	(8) 22	(16) 42	(8) 35	(16) 22

25	26	27	28	29	30	31	32
21	(9) 42	(1) 36	(9) 20	(1) 53	(9) 40	(1) 40	(9) 51
35	(10) 25	(2) 51	(10) 53	(2) 40	(10) 21	(2) 41	(10) 42
2	(11) 12	(3) 45	(11) 30	(3) 25	(11) 54	(3) 53	(11) 51
25	(12) 24	(4) 11	(12) 44	(4) 12	(12) 3	(4) 34	(12) 1
10	(13) 32	(5) 44	(13) 13	(5) 63	(13) 68	(5) 42	(13) 14
17	(14) 12	(6) 30	(14) 24	(6) 32	(14) 33	(6) 51	(14) 44
33	(15) 33	(7) 21	(15) 12	(7) 4	(15) 13	(7) 36	(15) 30
21	(16) 6	(8) 54	(16) 32	(8) 41	(16) 26	(8) 63	(16) 21

33	34	35	36	37	38	39	40
10	(9) 10	(1) 52	(9) 61	(1) 51	(9) 72	(1) 65	(9) 51
32	(10) 23	(2) 52	(10) 71	(2) 42	(10) 50	(2) 52	(10) 71
51	(11) 53	(3) 31	(11) 24	(3) 32	(11) 16	(3) 32	(11) 22
42	(12) 44	(4) 12	(12) 56	(4) 71	(12) 68	(4) 44	(12) 30
63	(13) 67	(5) 61	(13) 35	(5) 83	(13) 2	(5) 51	(13) 51
43	(14) 31	(6) 70	(14) 25	(6) 64	(14) 82	(6) 45	(14) 2
14	(15) 41	(7) 43	(15) 9	(7) 14	(15) 11	(7) 71	(15) 35
20	(16) 35	(8) 6	(16) 40	(8) 25	(16) 32	(8) 23	(16) 71

1	2	3	4	5	6	7	8
(1) 10	(5) 20	(1) 30	(5) 40	(1) 41	(5) 60	(1) 71	(5) 51
(2) 12	(6) 15	(2) 21	(6) 28	(2) 51	(6) 50	(2) 55	(6) 7C
(3) 14	(7) 20	(3) 36	(7) 34	(3) 26	(7) 47	(3) 60	(7) 81
(4) 12	(8) 11	(4) 11	(8) 11	(4) 34	(8) 22	(4) 42	(8) 84

9	10	11	12	13	14	15	16
(1) 2	(9) 3	(1) 26	(9) 0	(1) 14	(9) 4	(1) 20	(9) 62
(2) 1	(10) 17	(2) 17	(10) 32	(2) 3	(10) 6	(2) 37	(10) 53
(3) 8	(11) 2	(3) 20	(11) 24	(3) 12	(11) 37	(3) 17	(11) 36
(4) 6	(12) 11	(4) 2	(12) 11	(4) 11	(12) 11	(4) 31	(12) 71
(5) 2	(13) 1	(5) 11	(13) 31	(5) 1	(13) 21	(5) 62	(13) 34
(6) 1	(14) 10	(6) 4	(14) 44	(6) 23	(14) 21	(6) 3	(14) 13
(7) 0	(15) 17	(7) 15	(15) 13	(7) 22	(15) 5	(7) 11	(15) 82
(8) 1	(16) 2	(8) 23	(16) 20	(8) 12	(16) 23	(8) 33	(16) 5C

17	18	19	20	21	22	23	24
) 1	(9) 11	(1) 4	(9) 11	(1) 32	(9) 2	(1) 41	(9) 3
) 8	(10) 5	(2) 16	(10) 68	(2) 26	(10) 32	(2) 40	(10) 21
) 1	(11) 9	(3) 33	(11) 11	(3) 1	(11) 34	(3) 2	(11) 11
) 3	(12) 11	(4) 31	(12) 31	(4) 14	(12) 13	(4) 11	(12) 11
) 23	(13) 11	(5) 45	(13) 21	(5) 1	(13) 23	(5) 52	(13) 11
) 3	(14) 21	(6) 20	(14) 32	(6) 60	(14) 1	(6) 13	(14) 13
) 31	(15) 12	(7) 1	(15) 1	(7) 5	(15) 40	(7) 30	(15) 31
) 11	(16) 14	(8) 12	(16) 6	(8) 30	(16) 14	(8) 12	(16) 11

25	26	27	28	29	30	31	32
) 3	(9) 2	(1) 23	(9) 33	(1) 62	(9) 41	(1) 22	(9) 20
) 19	(10) 20	(2) 44	(10) 11	(2) 36	(10) 14	(2) 11	(10) 17
) 21	(11) 43	(3) 21	(11) 54	(3) 7	(11) 13	(3) 30	(11) 22
) 40	(12) 11	(4) 1	(12) 23	(4) 15	(12) 40	(4) 53	(12) 58
) 18	(13) 79	(5) 2	(13) 2	(5) 24	(13) 12	(5) 32	(13) 33
) 22	(14) 54	(6) 21	(14) 20	(6) 44	(14) 10	(6) 41	(14) 33
) 14	(15) 81	(7) 30	(15) 54	(7) 20	(15) 24	(7) 57	(15) 40
) 60	(16) 20	(8) 21	(16) 79	(8) 83	(16) 36	(8) 45	(16) 30

33	34	35	36	37	38	39	40
(1) 14	(7) 32	(1) 12	(7) 61	(1) 35	(7) 31	(1) 53	(7) 81
(2) 13	(8) 53	(2) 16	(8) 60	(2) 62	(8) 11	(2) 40	(8) 34
(3) 14	(9) 65	(3) 32	(9) 82	(3) 2, 8	(9) 3, 0	(3) 2, 1	(9) 4,
(4) 1, 2	(10) 33	(4) 4, 0	(10) 10	(4) 3, 1	(10) 2, 1	(4) 1, 0	(10) 2,
(5) 2, 1	(11) 2, 1	(5) 1, 5	(11) 1, 4	(5) 1, 1	(11) 2, 4	(5) 1, 1	(11) 3,
(6) 3, 4	(12) 1, 2	(6) 2, 1	(12) 2, 2	(6) 2, 1	(12) 3, 2	(6) 5, 3	(12) 1, 3
	(13) 2, 4		(13) 4, 7		(13) 2, 2		(13) 2,
	(14) 6, 1		(14) 1, 0		(14) 1, 7		(14) 6,

1	2	3	4	5	6	7	8
(1) 51	(9) 20	(1) 1	(9) 24	(1) 2	(9) 11	(1) 11	(9) 32
(2) 52	(10) 3	(2) 13	(10) 5	(2) 21	(10) 14	(2) 10	(10) 1
(3) 43	(11) 71	(3) 22	(11) 11	(3) 6	(11) 31	(3) 11	(11) 3
(4) 40	(12) 24	(4) 15	(12) 30	(4) 34	(12) 3	(4) 24	(12) 25
(5) 72	(13) 75	(5) 5	(13) 11	(5) 15	(13) 14	(5) 4	(13) 10
(6) 16	(14) 61	(6) 6	(14) 13	(6) 0	(14) 13	(6) 23	(14) 22
(7) 34	(15) 44	(7) 2	(15) 43	(7) 3	(15) 2	(7) 5	(15) 4
(8) 73	(16) 42	(8) 5	(16) 26	(8) 12	(16) 25	(8) 10	(16) 14

MC04

9	10	11	12	13	14	15	16
) 13	(9) 6	(1) 53	(9) 54	(1) 64	(9) 15	(1) 70	(9) 16
) 2	(10) 21	(2) 31	(10) 20	(2) 45	(10) 51	(2) 34	(10) 84
) 3	(11) 4	(3) 53	(11) 51	(3) 22	(11) 35	(3) 40	(11) 51
) 20	(12) 11	(4) 24	(12) 42	(4) 18	(12) 33	(4) 50	(12) 34
) 33	(13) 24	(5) 65	(13) 17	(5) 64	(13) 44	(5) 25	(13) 33
) 1	(14) 3	(6) 40	(14) 12	(6) 31	(14) 26	(6) 47	(14) 52
) 12	(15) 20	(7) 61	(15) 62	(7) 74	(15) 51	(7) 31	(15) 42
) 6	(16) 15	(8) 53	(16) 63	(8) 22	(16) 60	(8) 15	(16) 47

MC04

17	18	19	20	21	22	23	24
) 6	(9) 74	(1) 13	(9) 24	(1) 31	(9) 3	(1) 14	(9) 15
) 12	(10) 73	(2) 12	(10) 14	(2) 4	(10) 33	(2) 32	(10) 13
) 11	(11) 40	(3) 60	(11) 51	(3) 12	(11) 10	(3) 34	(11) 33
) 10	(12) 20	(4) 3	(12) 11	(4) 24	(12) 43	(4) 21	(12) 5
) 32	(13) 37	(5) 32	(13) 21	(5) 2	(13) 6	(5) 50	(13) 22
) 13	(14) 32	(6) 13	(14) 42	(6) 22	(14) 57	(6) 46	(14) 10
) 32	(15) 23	(7) 22	(15) 20	(7) 61	(15) 4	(7) 19	(15) 22
) 25	(16) 11	(8) 23	(16) 35	(8) 23	(16) 12	(8) 15	(16) 74

25	26	27	28	29	30	31	32
(1) 24	(9) 2	(1) 4	(7) 11	(1) 22	(7) 32	(1) 43	(7) 23
(2) 81	(10) 45	(2) 14	(8) 4	(2) 42	(8) 22	(2) 34	(8) 44
(3) 2	(11) 12	(3) 11	(9) 25	(3) 31	(9) 42	(3) 65	(9) 31
(4) 33	(12) 41	(4) 1, 1	(10) 13	(4) 1, 5	(10) 53	(4) 3, 1	(10) 13
(5) 15	(13) 10	(5) 1, 4	(11) 1, 2	(5) 3, 4	(11) 3, 2	(5) 3, 1	(11) 8,
(6) 51	(14) 25	(6) 2, 3	(12) 1, 4	(6) 2, 1	(12) 1, 4	(6) 5, 4	(12) 5,
(7) 12	(15) 24		(13) 1, 4		(13) 1, 6		(13) 4,
(8) 44	(16) 12		(14) 2, 2		(14) 2, 5		(14) 5,

33	34	35	36	37	38	39	40
(1) 11	(7) 11	(1) 15	(7) 33	(1) 11	(7) 32	(1) 33	(7) 13
(2) 21	(8) 54	(2) 21	(8) 11	(2) 13	(8) 44	(2) 12	(8) 31
(3) 13	(9) 11	(3) 31	(9) 50	(3) 1, 5	(9) 4, 1	(3) 5, 3	(9) 2,
(4) 1, 7	(10) 46	(4) 1, 2	(10) 53	(4) 2, 1	(10) 1, 1	(4) 2, 5	(10) 3,
(5) 3, 2	(11) 3, 4	(5) 1, 5	(11) 3, 2	(5) 2, 6	(11) 3, 6	(5) 2, 0	(11) 2,
(6) 1, 3	(12) 5, 1	(6) 1, 2	(12) 2, 2	(6) 2, 2	(12) 1, 4	(6) 3, 6	(12) 3,
	(13) 5, 3		(13) 5, 4		(13) 3, 0		(13) 3,
	(14) 3, 1		(14) 2, 3		(14) 3, 5		(14) 1,

1	2	3	4
) 16	**(9)** 15	**(1)** 36	**(9)** 14
) 23	**(10)** 41	**(2)** 32	**(10)** 24
) 8	**(11)** 12	**(3)** 53	**(11)** 15
) 37	**(12)** 32	**(4)** 81	**(12)** 26
) 45	**(13)** 25	**(5)** 14	**(13)** 33
) 42	**(14)** 13	**(6)** 35	**(14)** 71
) 65	**(15)** 45	**(7)** 31	**(15)** 41
) 21	**(16)** 61	**(8)** 77	**(16)** 12

5	6	7	8
) 22	**(9)** 42	**(1)** 16	**(9)** 31
) 44	**(10)** 63	**(2)** 41	**(10)** 14
) 22	**(11)** 47	**(3)** 30	**(11)** 33
) 56	**(12)** 22	**(4)** 52	**(12)** 81
) 53	**(13)** 24	**(5)** 23	**(13)** 41
) 13	**(14)** 60	**(6)** 34	**(14)** 56
) 81	**(15)** 36	**(7)** 32	**(15)** 45
) 56	**(16)** 53	**(8)** 20	**(16)** 75

9	10	11	12
(1) 13	(9) 11		
(2) 12	(10) 44		
(3) 22	(11) 61		
(4) 54	(12) 12		
(5) 23	(13) 55		
(6) 62	(14) 24		
(7) 34	(15) 43		
(8) 43	(16) 70		

11

(1)

−		
47	24	23
36	10	26
11	14	

(2)

−		
66	43	23
54	23	31
12	20	

(3)

−		
79	55	24
47	34	13
32	21	

(4)

−		
95	42	53
34	20	14
61	22	

12

(5)

−		
68	45	23
37	22	15
31	23	

(6)

−		
76	34	42
46	13	33
30	21	

(7)

−		
89	67	22
56	31	25
33	36	

(8)

−		
97	54	43
75	42	33
22	12	

13	14	15	16
(1) 13권	(4) 15개	(1) 45명	(4) 52명
(2) 13명	(5) 12장	(2) 21마리	(5) 36세
(3) 25장	(6) 26개	(3) 43개	(6) 65쪽